职业教育课程改革创新规划教材·技能应用系列

电子整机装配工艺与技能应用

冯 睿 主 编

蔡 平 杨运芳 副主编

王国玉 主 审

U0322646

电子工业出版社

Publishing House of Electronics Industry

北京·BEIJING

内 容 简 介

本书根据教育部职业院校电子电工类专业教学指导方案编写，是职业院校电类专业实践性非常强的专业课程教材。全书共分 7 个项目：常用仪器仪表和工具的使用、常用电子元器件的识读与检测、常用材料的识别与加工、电子元器件的插装与焊接、电子电路图和技术文件的识读、印制电路板的设计与制作、整机装配工艺。本书以电子整机装配工艺为主线，以具体任务为单元，涵盖电子整机装配工艺的基本技能和基本知识。本书通过项目教学来促进理论学习，再通过理论来指导实践，强调"先做后学、边做边学"，把学习变得轻松愉快，使学生能够快速入门，越学越有兴趣。本书同时兼顾技能鉴定的相关技能与知识要求等内容。本书的特点是针对性和实用性强、图文并茂、语言通俗易懂。

本书可作为职业院校电类专业、机电一体化专业和计算机专业的基础技能课程教材，也可供相关专业的工程人员和技术工人参考。

未经许可，不得以任何方式复制或抄袭本书之部分或全部内容。

版权所有，侵权必究。

图书在版编目（CIP）数据

电子整机装配工艺与技能应用 / 冯睿主编. —北京：电子工业出版社，2016.6
职业教育课程改革创新规划教材. 技能应用系列

ISBN 978-7-121-28598-1

Ⅰ. ①电… Ⅱ. ①冯… Ⅲ. ①电子设备—装配（机械）—中等专业学校—教材 Ⅳ. ①TN805

中国版本图书馆 CIP 数据核字（2016）第 078893 号

策划编辑：白　楠
责任编辑：韩玉宏
印　　刷：三河市良远印务有限公司
装　　订：三河市良远印务有限公司
出版发行：电子工业出版社
　　　　　北京市海淀区万寿路 173 信箱　邮编　100036
开　　本：787×1 092　1/16　印张：11.75　字数：300.8 千字
版　　次：2016 年 6 月第 1 版
印　　次：2016 年 6 月第 1 次印刷
印　　数：3 000 册　定价：30.00 元

凡所购买电子工业出版社图书有缺损问题，请向购买书店调换。若书店售缺，请与本社发行部联系，联系及邮购电话：（010）88254888，88258888。

质量投诉请发邮件至 zlts@phei.com.cn，盗版侵权举报请发邮件至 dbqq@phei.com.cn。

本书咨询联系方式：（010）88254592。

前　言

　　本书是以教育部职业院校电子电工类专业教学指导方案为依据编写的。电子整机装配工艺与技能应用是职业院校电类专业实践性非常强的重要专业课程，是一门集技术性、实用性和趣味性为一体的课程。

　　本书在内容组织、结构编排及表达方式等方面都作出了重大改革，以强调基本技能为基调，以"项目情境创设"、"项目教学目标"、"项目任务分析"、"项目基本功"和"项目评估检查"5 个要素，通过做电子装配工艺项目，达到学习理论知识并指导实践的目的，充分体现理论和实践的结合。强调"先做后学、边做边学"，使学生能够快速入门，把学习电子电路的成果转化为前进的动力，使学生树立起学习电子装配的信心，掌握电子元器件的检测与选用、常用仪器仪表的使用方法、PCB 制作和整机的装配调试等。在本书的编写中，我们力求突出以下特色。

　　（1）在编写理念上，尽量贴近学生的认知规律，以电子整机装配工艺为中心，以电子行业无线电装配调试的国家职业标准为参照，采用大量的图形和表格等直观表达方式，注重做中学、做中教，教、学、做合一，突显理论、实践一体化的职教特色。

　　（2）在结构设置上，把"技能目标"和"知识目标"放在每个项目的开端，使读者对本项目的重点技能和知识点一目了然；把"项目基本技能"和"项目基本知识"内容紧密相关，并在其后设有"项目知识拓展"，目的是拓展延伸学生的理论知识；每个项目的最后均有"项目评估检查"，是对本项目所学技能和知识的自我检测，设有"思考题"、"技能训练"和"项目评价评分表"，这样既巩固了所学知识，又便于学生对各项目内容进行梳理和提炼。

　　（3）在内容编排上，紧跟电子技术的发展潮流，以教学大纲为本，根据电子企业的岗位需求来选择教学内容，体现新知识、新技术、新工艺、新方法的特点。尤其是书中一些新颖、精练的拓展内容，均是来自于一线教师和企业技术人员的心得体会与经验总结，学生掌握之后，将会提高技能水平和操作速度。

（4）在呈现形式上，全书穿插着学生查找资料等自学内容，旨在培养学生自主学习的能力和习惯；在"项目评估检查"部分，创新了职业教育评价考核模式，重在培养学生良好的职业习惯和自尊自爱、团结协作的精神。

本书共分 7 个项目，建议安排 80 学时，在教学过程中建议学时表如下，在实施中任课教师可根据具体情况适当调整和取舍。

项 目 序 号	项 目 内 容	参 考 学 时
项目一	常用仪器仪表和工具的使用	10
项目二	常用电子元器件的识读与检测	10
项目三	常用材料的识别与加工	10
项目四	电子元器件的插装与焊接	12
项目五	电子电路图和技术文件的识读	18
项目六	印制电路板的设计与制作	10
项目七	整机装配工艺	10

本书由河南省新乡市职业教育中心冯睿担任主编并统稿，徐州市贾汪中等专业学校蔡平和新乡市职业教育中心杨运芳担任副主编。参编人员分工如下：蔡平编写项目一，冯睿编写项目二，新乡市职业教育中心许永波编写项目三，杨运芳编写项目四，湖北十堰职业技术（集团）学校朱大鹏编写项目五和项目七，郑州市新郑电子工业学校刘瑞声编写项目六。全书由河南信息工程学校高级工程师王国玉主审并提出了宝贵建议，在此深表谢意！

由于编者水平有限，书中难免存在不足之处，敬请读者予以批评指正。

编　者

目　录

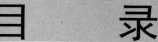

项目一　常用仪器仪表和工具的使用 …………………………………………………… 1
　项目情境创设 …………………………………………………………………………… 1
　项目教学目标 …………………………………………………………………………… 1
　项目任务分析 …………………………………………………………………………… 2
　项目基本功 ……………………………………………………………………………… 2
　　1.1　项目基本技能 …………………………………………………………………… 2
　　1.2　项目基本知识 …………………………………………………………………… 20
　　1.3　项目知识拓展 …………………………………………………………………… 21
　项目评估检查 …………………………………………………………………………… 22
项目二　常用电子元器件的识读与检测 ………………………………………………… 25
　项目情境创设 …………………………………………………………………………… 25
　项目教学目标 …………………………………………………………………………… 25
　项目任务分析 …………………………………………………………………………… 26
　项目基本功 ……………………………………………………………………………… 26
　　2.1　项目基本技能 …………………………………………………………………… 26
　　2.2　项目基本知识 …………………………………………………………………… 41
　　2.3　项目知识拓展 …………………………………………………………………… 50
　项目评估检查 …………………………………………………………………………… 54
项目三　常用材料的识别与加工 ………………………………………………………… 61
　项目情境创设 …………………………………………………………………………… 61
　项目教学目标 …………………………………………………………………………… 61
　项目任务分析 …………………………………………………………………………… 61
　项目基本功 ……………………………………………………………………………… 62
　　3.1　项目基本技能 …………………………………………………………………… 62
　　3.2　项目基本知识 …………………………………………………………………… 71
　　3.3　项目知识拓展 …………………………………………………………………… 77

　　项目评估检查 ·· 79

项目四　电子元器件的插装与焊接 ······························· 83

　　项目情境创设 ·· 83
　　项目教学目标 ·· 83
　　项目任务分析 ·· 84
　　项目基本功 ··· 84
　　　　4.1　项目基本技能 ··· 84
　　　　4.2　项目基本知识 ··· 93
　　　　4.3　项目知识拓展 ··· 94
　　项目评估检查 ·· 98

项目五　电子电路图和技术文件的识读 ······················· 102

　　项目情境创设 ·· 102
　　项目教学目标 ·· 102
　　项目任务分析 ·· 103
　　项目基本功 ··· 103
　　　　5.1　项目基本技能 ·· 103
　　　　5.2　项目基本知识 ·· 117
　　项目评估检查 ·· 127

项目六　印制电路板的设计与制作 ····························· 131

　　项目情境创设 ·· 131
　　项目教学目标 ·· 131
　　项目任务分析 ·· 131
　　项目基本功 ··· 132
　　　　6.1　项目基本技能 ·· 132
　　　　6.2　项目基本知识 ·· 147
　　　　6.3　项目知识拓展 ·· 157
　　项目评估检查 ·· 158

项目七　整机装配工艺 ··· 164

　　项目情境创设 ·· 164
　　项目教学目标 ·· 164
　　项目任务分析 ·· 165
　　项目基本功 ··· 165
　　　　7.1　项目基本技能 ·· 165
　　　　7.2　项目基本知识 ·· 169
　　　　7.3　项目知识拓展 ·· 172
　　项目评估检查 ·· 174

参考文献 ··· 179

项目一

常用仪器仪表和工具的使用

 项目情境创设

在电子整机装配过程中离不开工具和仪器仪表，能否正确地使用工具和仪器仪表将影响电子整机装配的质量、工作效率，甚至会影响到人身安全。本项目主要介绍电子整机装配中万用表、示波器等常用仪器仪表的用法和常用工具的使用方法。

图 1-1 是电子整机装配中部分常用的仪器仪表和工具。

（a）万用表　　　　　　（b）示波器　　　　　　（c）电烙铁　　　　　　（d）热风枪

图 1-1　电子整机装配中部分常用的仪器仪表和工具

 项目教学目标

	项目教学目标	学　时	教学方式
技能目标	① 掌握指针式万用表和数字式万用表的使用 ② 掌握示波器的使用 ③ 掌握电烙铁和热风枪的使用 ④ 掌握常用装配工具的使用 ⑤ 了解信号发生器的使用	6	教师演示，学生使用仪器仪表和工具 重点：掌握万用表、示波器、电烙铁、热风枪及常用工具的使用方法 教师指导、答疑
知识目标	① 掌握使用万用表的注意事项 ② 掌握使用热风枪的注意事项 ③ 了解万用表面板符号的意义及使用方法 ④ 了解示波器面板符号的意义及使用方法	4	教师讲授、自主探究
情感目标	激发学生对本门课的兴趣，培养信息素养、团队意识		网络查询、小组讨论、相互协作

项目任务分析

　　本项目通过对常用仪器仪表的使用和学习，使学生掌握常用仪器仪表的正确使用方法，为后续课程元器件的测量和整机调试打下坚实的基础；通过对常用工具的使用训练，为后续整机装配准备好必要的技能。

 项目基本功

1.1　项目基本技能

任务一　常用仪器仪表的使用

一、万用表的使用

1. MF47 型指针式万用表的使用

1）MF47 型指针式万用表面板的识读

　　MF47 型万用表面板如图 1-2 所示，主要由表头、操作面板组成，表头中间有机械调零旋钮。表头的刻度与操作面板上的挡位开关印制成红、绿、黑三色（按照交流红色、三极管绿色、其余黑色对应制成），以使读数便捷。

　　MF47 型万用表表头的刻度盘（如图 1-3 所示）有 6 条常用刻度尺：第 1 条为测量电阻用的刻度尺，第 2 条为测量交、直流电压和直流电流用的刻度尺，第 3 条为测量三极管共射极直流放大系数用的专用刻度尺，第 4 条为测量电容用的刻度尺，第 5 条为测量电感用的刻度尺，第 6 条为测量音频电平用的刻度尺。刻度盘上装有反光镜，以消除视差。

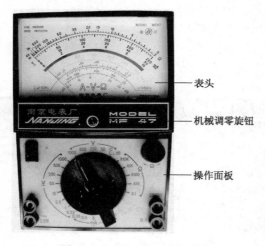

表头

机械调零旋钮

操作面板

图 1-2　MF47 型万用表面板　　　　　　　　图 1-3　MF47 型万用表表头的刻度盘

　　MF47 型万用表操作面板（如图 1-4 所示）上有 4 个插孔：左下角的红色"+"为正极

插孔，接红表笔，黑色"$\overline{\text{COM}}$"为公共黑表笔插孔，也为负极插孔；右下角的"2500V"为交、直流电压 2500V 插孔，"10A"为直流电流 10A 插孔。

挡位开关主要有 4 个挡位：直流电压挡、交流电压挡、直流电流挡、电阻挡。各挡位又有多个量程。另外，测量三极管共射极直流放大系数的挡位是 h_{FE}（绿色），与电阻×10 挡位置重合。

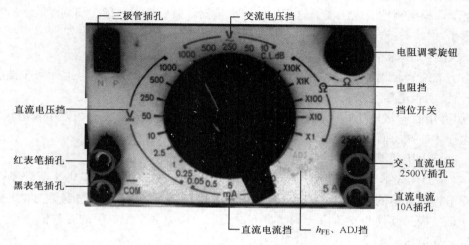

图 1-4　MF47 型万用表操作面板

另外，在 MF47 型万用表面板上经常可见到一些符号，其意义如表 1-1 所示。

表 1-1　MF47 型万用表面板上符号及意义

符　号	意　义	符　号	意　义
MF47	M 表示仪表，F 表示多功能，47 表示型号	⹀2.5	表示直流挡精度为 2.5 级
ACV	AC 表示交流，ACV 表示交流电压	～5.0	表示交流挡精度为 5.0 级
DCV	DC 表示直流，DCV 表示直流电压	$\Omega 2.5$	表示欧姆挡精度为 2.5 级
A	表示电流	DC20kΩ/V	测直流电压灵敏度，即 1V/20kΩ=50μA
V	表示电压	AC9kΩ/V	测交流电压灵敏度，即 1V/9kΩ=110μA
～	表示交流和直流		

2）MF47 型指针式万用表的使用方法

（1）正确插入表笔

将红表笔插入"+"插孔，黑表笔插入"$\overline{\text{COM}}$"插孔。如果测量的交、直流电压为 1000～2500V 或直流电流为 500mA～10A，则红表笔分别插入标有"2500V"或"10A"的插孔。

（2）机械调零

使用前应检查指针是否指在机械零位上。若指针没有指在机械零位上，应用小号一字螺丝刀旋转万用表面板中间的机械调零旋钮，使指针指在零位上，如图 1-5 所示。读数时目光应垂直表面，使指针与反光镜中的指针重合，以确保读数的准确。

（3）直流电压的测量

MF47 型万用表的直流电压挡有 0.25V、1V、2.5V、10V、50V、250V、500V、1000V 共 8 个量程。将红表笔插入"+"插孔，黑表笔插入"$\overline{COM}$"插孔，把挡位开关旋钮打到直流电压挡，并选择合适的量程。当被测电压数值范围不确定时，应先选用较大的量程。红表笔接直流电压高电位，黑表笔接直流电压低电位，不能接反。把万用表两个表笔并联接到被测电路上，根据测出的电压值，再逐步选用小量程，最后使指针指在满刻度的 2/3 以上。

注意事项：

① 如果不知道被测直流电压的极性，则应在电路一端先接好一个表笔，用另一个表笔在电路另一端轻轻地碰一下，如果指针向右摆动，说明接线正确，如果指针向左摆动（低于零点），说明表笔接反了，就应把两个表笔对换一下。

② 用万用表测量电压、电流时，应使指针指示在刻度盘的右边，在万用表量程的 2/3 以上，这样才能减小测量误差。

（4）交流电压的测量

MF47 型万用表的交流电压挡有 10V、50V、250V、500V、1000V 共 5 个量程。把挡位开关旋钮打到合适的交流电压挡，当被测电压数值范围不确定时，应先选用较大的量程。表笔不分正负极，其他与直流电压的测量方法相同，读数为交流电压的有效值。

（5）直流电流的测量

MF47 型万用表的直流电流挡有 500mA、50mA、5mA、500μA、50μA 共 5 个量程。将红表笔插入"+"插孔，黑表笔插入"$\overline{COM}$"插孔，把挡位开关旋钮打到直流电流挡，并选择合适的量程。当被测电流数值范围不确定时，应先选用较大的量程。断开被测电路，把万用表两个表笔串接到被测电路上，注意直流电流从红表笔流入，黑表笔流出，不能接反。如果不能确定电流方向极性，则可参考直流电压的测量中的"注意事项"。

（6）电阻的测量

MF47 型万用表的电阻挡有×1、×10、×100、×1k、×10k 共 5 个倍率。插好表笔，把挡位开关旋钮打到电阻挡，选择合适的倍率。短接两个表笔，旋动电阻调零旋钮，进行电阻挡调零，使指针指在电阻刻度右边的"0"Ω 处，如图 1-6 所示。注意：每次换挡位时都要调零。使被测电阻脱离电源，用两个表笔接触电阻两端，使指针尽量能够指向刻度盘中间的 1/3 区域，否则，应选择合适的电阻挡位，以保证读数的精度。

所测电阻值为表头指针指示的读数乘以所选的倍率后得到的值。例如，选择×10 倍率测量，指针指示为 50，则被测电阻的电阻值为 50Ω×10=500Ω。

图 1-5　机械调零

图 1-6　电阻挡调零

注意事项：

① 测量电路中的电阻时，应先切断电路电源，如果电路中有电容则应先行放电。

② 电阻挡的刻度是倒刻度，即从∞～0，区别于其他刻度。

2. SC12B 型数字式万用表的使用

数字式万用表的优点是可以直接显示测量数据。随着电子技术的发展，数字式万用表的工作可靠性提高，其使用越来越广泛。数字式万用表的型号有多种，如图 1-7 所示。不同类型的万用表所测量的物理量和精确度不同，但基本用法大同小异。这里介绍 SC12B 型数字式万用表的使用。SC12B 型数字式万用表如图 1-8 所示。

图 1-7　数字式万用表

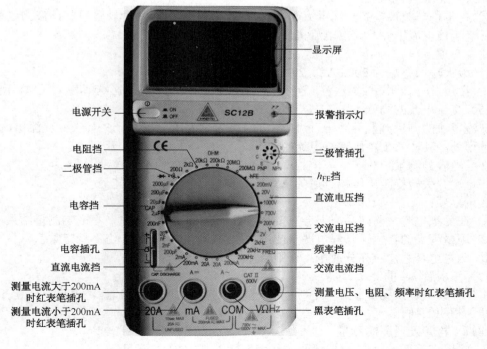

图 1-8　SC12B 型数字式万用表

1）SC12B 型数字式万用表面板的识读

SC12B 型数字式万用表面板上有显示屏、电源开关、报警指示灯；有电阻挡、h_{FE}挡、直流电压挡、交流电压挡、频率挡、交流电流挡、直流电流挡、电容挡、三极管挡等测量挡位；有黑表笔插孔（"COM"插孔）、红表笔插孔（"mA"插孔、"20A"插孔和"VΩHz"插孔共 3 个插孔），另外还有三极管插孔和电容插孔。使用时要注意挡位与相应插孔的配合。

2）SC12B 型数字式万用表的使用方法

（1）直流电压的测量

① 将黑表笔插入"COM"插孔，红表笔插入"VΩHz"插孔。

② 将量程开关转换到直流电压挡合适的量程处，然后将两个表笔并联接到被测电路上，则红表笔所接电压极性及该点电压将显示在液晶屏上。

注意事项：

① 未测量时，小量程电压挡有残留数字，属于正常情况且不影响测量。

② 测量的最大电压不能超过 1000V，如超过有损坏表的危险。

③ 测量时高位显示"1"或"-1"，说明超出量程范围，应换到大量程挡位。

（2）交流电压的测量

交流电压的测量方法类同于直流电压的测量，只是要将量程开关转换到交流电压挡合适的量程处，不得接有效值高于 750V 的交流电压。

（3）电阻的测量

将量程开关转换到电阻挡合适的量程处，表笔插入位置同测量电压时的位置。将两个表笔接触被测元件的两个引脚，元件的电阻值便会显示在液晶屏上。测量电阻时，要切断电源。

（4）直流电流的测量

① 将黑表笔插入"COM"插孔，红表笔插入"mA"插孔，若被测电流大于 200mA，则需插入"20A"插孔。

② 将量程开关转换到直流电流挡合适的量程处，然后将两个表笔串联在被测电路上，则红表笔所接电流极性及该点电流将显示在液晶屏上。

注意事项：

① 最大输入电流为 200mA 或 20A，过大会烧坏熔断器。

② 在用 20A 挡测量时应注意，连续测量大电流会使电路过热，影响精度，甚至烧坏仪表。

（5）交流电流的测量

交流电流的测量方法类同于直流电流的测量，只是要将量程开关转换到交流电流挡合适的量程处。其注意事项同直流电流的测量。

（6）电容的测量

将量程开关转换到电容挡合适的量程处，将电容插入电容插孔。

注意事项：

① 在测量电容之前液晶屏上会有残留读数，这属于正常现象，不影响测量结果。

② 用量程大的挡位测量漏电严重或击穿的电容时，将显示一组不稳定数值。

③ 测量电容之前应充分放电，否则会损坏仪表。

（7）三极管 h_{FE} 的测量

将量程开关转换到 h_{FE} 挡。先判断三极管是 NPN 型还是 PNP 型，再将三极管各引脚分别插入相应的插孔。

（8）二极管及通断的测量

① 将黑表笔插入"COM"插孔，红表笔插入"VΩHz"插孔。

② 将量程开关转换到二极管（"➡️⊢'))）"）挡，然后用红表笔接二极管正极，黑表笔接其负极，读数为二极管正向压降的近似值。

③ 将表笔连接在被测电路的两点，若内置蜂鸣器响，则两点间的电阻值小于 70±20Ω。

（9）待测点频率的测量

① 将黑表笔插入"COM"插孔，红表笔插入"VΩHz"插孔。

② 将量程开关转换到频率挡合适的量程处，显示屏上显示测量点的频率。

二、示波器的使用

示波器是一种用来显示和观测电信号的电子仪器，可以直接观察和测量信号波形、电压的大小和周期，以及测量相位差等。示波器的型号很多，本任务以 YB43020B 型示波器为例介绍示波器的使用。

1. YB43020B 型示波器面板的识读

YB43020B 型示波器的前面板左侧部分是屏幕，用于显示测量的电信号波形；右侧控制区分为①、②、③三部分，分别是电源与电子束控制区、信号输入控制区、扫描与信号控制区，如图 1-9 所示。YB43020B 型示波器前面板各部件的功能如表 1-2 所示。

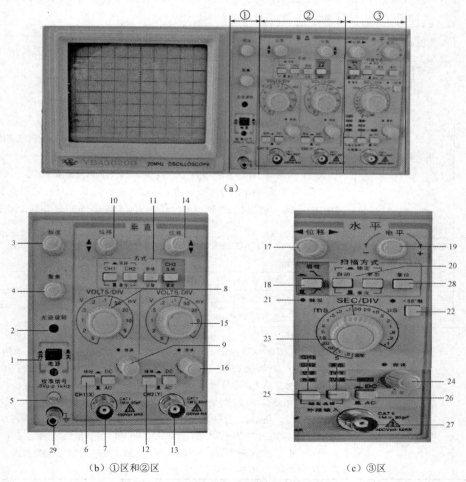

（a）

（b）①区和②区　　　（c）③区

图 1-9　YB43020B 型示波器的前面板

表 1-2   YB43020B 型示波器前面板各部件的功能

序 号	名 称	功 能
1	电源开关	按下此开关,仪器电源接通,指示灯亮
2	光迹旋钮	用小螺丝刀调节此旋钮,可使倾斜的光迹与水平线平行
3	亮度旋钮	调节光迹亮度,顺时针旋转光迹增亮
4	聚焦旋钮	用以调节示波管电子束的焦点,使显示的光点细而清晰
5	校准信号输出端口	此端口输出幅度为 0.5V、频率为 1kHz 的方波信号,用探极校准信号,以校准 Y 轴的偏转因数和扫描时间系数
6、12	输入耦合方式选择 (AC GND DC)	分别是垂直通道1、2 的输入耦合方式选择 ① AC 表示信号中的直流分量被隔开,用以观察信号的交流成分 ② DC 表示信号与仪器通道直接耦合,当需要观察信号的直流分量或被测信号的频率较低时应选用此方式 ③ GND 表示输入端处于接地状态,用以确定输入端为零电位时的光迹所在位置
7	通道 1 输入插座 CH1(X)	双功能端口,常规使用时,此端口作为垂直通道 1 的输入口;当仪器工作在 X-Y 方式时,此端口作为水平轴信号输入口
8、15	垂直通道灵敏度选择 开关	分别改变通道 CH1、CH2 垂直轴的偏转因数,从 5mV/DIV 至 5V/DIV 分 10 个挡级,可根据被测信号的电压幅度选择合适的挡级
9、16	微调旋钮	分别用以连续调节 CH1、CH2 垂直轴的偏转因数,调节范围大于等于 2.5 倍。当该旋钮逆时针旋足时为校准位置,此时可根据灵敏度选择开关位置和屏幕显示幅度读取信号的电压值
10、14	垂直位移旋钮	分别用以调节光迹在 CH1、CH2 垂直方向的位置
11	垂直方式选择	选择垂直系统的工作方式 ① CH1:只显示 CH1 通道的信号 ② CH2:只显示 CH2 通道的信号 ③ 交替:用于同时观察两路信号,此时两路信号交替显示,该方式适合在扫描速率较快时使用 ④ 断续:两路信号断续工作,适合在扫描速率较慢时同时观察两路信号 ⑤ 叠加:用于显示两路信号相加的结果,当 CH2 极性开关被按入时,则两信号相减 ⑥ CH2 反相:此按键未按下时,CH2 的信号为常态显示;按下此按键时,CH2 的信号被反相
13	通道 2 输入插座 CH2(Y)	常规使用时,此端口作为垂直通道 2 的输入口;当仪器工作在 X-Y 方式时,此端口作为垂直轴信号输入口
17	水平位移旋钮	用以调节光迹在水平方向的位置
18	极性选择	用以选择被测信号在上升沿或下降沿触发扫描
19	电平旋钮	用以调节被测信号在变化至某一电平时触发扫描
20	扫描方式选择	选择产生扫描的方式 ① 自动(AUTO):当无触发信号输入时,屏幕上显示扫描光迹,一旦有触发信号输入,电路自动转换为触发扫描状态,调节电平可使波形稳定地显示在屏幕上,此方式适合观察频率在 50Hz 以上的信号 ② 常态(NORM):无信号输入时,屏幕上无光迹显示,有信号输入时,且触发电平旋钮在合适位置上,电路被触发扫描,当被测信号频率低于 50Hz 时,必须选择该方式 ③ 锁定:仪器工作在锁定状态后,无须调节电平即可使波形稳定地显示在屏幕上 ④ 单次:用于产生单次扫描,按动复位键,电路工作在单次扫描等待状态,当触发信号输入时,扫描产生一次,下次扫描需再次按动复位键

序　号	名　称	功　能
21	触发指示灯	该指示灯具有两种功能指示：当仪器工作在非单次扫描方式时，该灯亮表示扫描电路工作在被触发状态；当仪器工作在单次扫描方式时，该灯亮表示扫描电路工作在准备状态，此时若有信号输入将产生一次扫描，指示灯随之熄灭
22	×5 扩展	按下后扫描速率扩展 5 倍，指示灯亮
23	扫描速率选择开关	根据被测信号的频率高低，选择合适的挡级。当扫描微调旋钮置校准位置时，可根据此开关位置和波形在水平轴上的距离读出被测信号的时间参数
24	微调旋钮	用于连续调节扫描速率，调节范围大于等于 2.5 倍，逆时针旋足为校准位置
25	触发源选择	用于选择不同的触发源 第一组 ① CH1：双踪显示时，触发信号来自 CH1 通道；单踪显示时，触发信号则来自被显示的通道 ② CH2：双踪显示时，触发信号来自 CH2 通道；单踪显示时，触发信号则来自被显示的通道 ③ 交替：双踪交替显示时，触发信号交替来自两个 Y 通道，此方式用于同时观察两路不相关的信号 ④ 外接：触发信号来自外接输入端口 第二组 ① 常态：用于一般常规信号的测量 ② TV-V：用于观察电视场信号 ③ TV-H：用于观察电视行信号 ④ 电源：用于与市电信号同步的测量
26	AC/DC	选择外触发信号的耦合方式，当选择外触发源且信号频率很低时，应置于 DC 位置
27	外触发输入插座	当选择外触发方式时，触发信号由此端口输入
28	复位按键	配合单次扫描方式使用
29	机壳接地端	用于机壳接地

YB43020B 型示波器的后面板有带熔断器的电源插座，是仪器电源进线插口。插口旁边有一个电源输入变换开关，用于 AC220V 或 AC110V 电源的变换，使用前请先选择与市电压一致的挡位。

2. YB43020B 型示波器的使用方法

1）通电前的控制件位置

通电前的控制件位置如表 1-3 所示。

表 1-3　通电前的控制件位置

控　制　件	位　置	控　制　件	位　置	控　制　件	位　置
亮度、聚焦、位移（3 个）	居中	极性	上升沿触发	垂直通道灵敏度	0.1V/DIV
输入耦合方式	DC	垂直方式	CH1	扫描速率	0.5ms/DIV
扫描方式	自动	触发源	CH1	微调（3 个）	逆时针旋足

2）通电后的调试

（1）接通电源，电源指示灯亮。预热一会儿后，屏幕中出现光迹，分别调节亮度和聚焦旋钮，使光迹的亮度适中、清晰。

（2）通过连接电缆将本机校准信号输入至 CH1 通道，调节电平旋钮使波形稳定，分别调节 Y 轴和 X 轴的位移，使波形与图 1-10（a）相吻合。用同样的方法检查 CH2 通道。

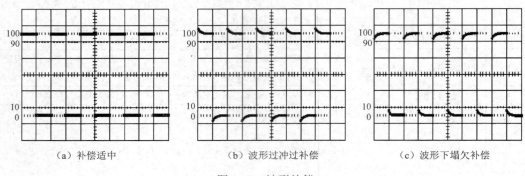

（a）补偿适中　　　　　　　（b）波形过冲过补偿　　　　　　（c）波形下塌欠补偿

图 1-10　波形补偿

（3）探头的检查：探头分别接入两个 Y 轴输入接口，将垂直通道灵敏度选择开关调至 10mV/DIV，探头衰减置于×10 挡，屏幕中应同样显示如图 1-10（a）所示的波形。如果波形有过冲现象［如图 1-10（b）所示］，或有下塌现象［如图 1-10（c）所示］，则可用高频旋具调节探头补偿元件，使波形达到最佳，如图 1-11 所示。

做完以上工作后，证明本机工作状态基本正常，可以进行测量。

3）测量信号

（1）电压的测量

在测量时，一般把垂直通道灵敏度选择开关的微调旋钮以逆时针方向旋至校准位置，这样可以按垂直通道灵敏度选择开关的指示值直接计算被测信号的电压幅值。由于被测信号一般都含有交流和直流两种成分，所以在测量时应根据下述方法操作。

①交流电压的测量：当只需测量被测信号的交流成分时，应将 Y 轴的输入耦合方式选择开关置于 AC 位置，再调节垂直通道灵敏度选择开关，使波形在屏幕中的显示幅度适中，然后调节电平旋钮使波形稳定，接着分别调节 Y 轴和 X 轴的位移，使波形显示值方便读取，结果如图 1-12 所示。

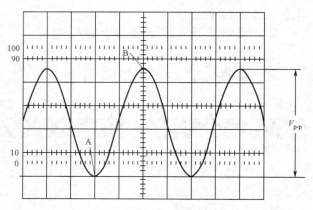

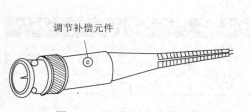

图 1-11　调节探头补偿元件　　　　　　　　　图 1-12　交流电压的测量

根据垂直通道灵敏度选择开关的指示值和波形在垂直方向显示的坐标（DIV），有

$$V_{\text{p-p}}=V\text{（V/DIV 或 mV/DIV）}\times H\text{（DIV）}$$

已知垂直通道灵敏度选择开关的指示值为 2V/DIV，则 $V_{\text{p-p}}$=2V/DIV×4.6DIV=9.2V。如果使用的探头置于 10：1 位置，则应将该值乘以 10。

②　直流电压的测量：当需测量被测信号的直流（或含直流的）电压时，应先将 Y 轴的输入耦合方式选择开关置于 GND 位置，然后调节垂直位移旋钮使扫描基线在一个合适的位置上，再将输入耦合方式选择开关转换到 DC 位置，接着调节电平旋钮使波形同步，根据波形偏移原扫描基线的垂直距离，利用上述方法读取该信号的直流电压值，如图 1-13 所示。

已知垂直通道灵敏度选择开关的指示值为 0.5V/DIV，则 $V_{\text{p-p}}$=0.5V/DIV×3.7DIV =1.85V。

（2）时间间隔的测量

对某信号的周期或该信号任意两点间的时间参数进行测量时，可首先按上述操作方法，使波形获得稳定同步，然后将该信号周期或需测量的两点间在水平方向的距离乘以扫描速率选择开关的指示值，即可获得所求值。当需要观察该信号的某一细节（如快跳变信号的上升或下降时间）时，可将"×5 扩展"按键按下，使显示的距离在水平方向得到 5 倍的扩展，再调节 X 轴的位移，使波形处于方便观察的位置，此时测得的时间值应除以 5。测量两点间的水平距离后，按下式可计算出时间间隔。

$$时间间隔（s）=\frac{两点间的水平距离（DIV）\times 扫描速率}{水平扩展系数}$$

例如，在图 1-14 中，测得 A、B 两点间的水平距离为 8DIV，扫描速率设置为 2ms/DIV，水平扩展系数为 1，则时间间隔=（8DIV×2ms/DIV）/1=16ms。本例中的时间间隔刚好为周期 T，则信号频率 $f=\dfrac{1}{T}=\dfrac{1}{16\text{ms}}$=62.5（Hz）。

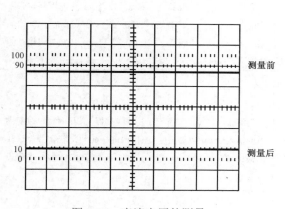

图 1-13　直流电压的测量

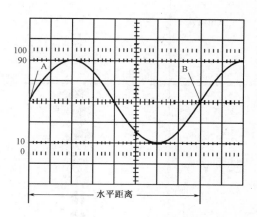

图 1-14　时间间隔的测量

任务二　焊接、拆卸工具的使用

在手工电子设备装配中常用的焊接工具是电烙铁和热风枪，而常用的拆卸工具则是吸

锡器。

一、焊接工具的使用

常用的焊接工具主要有电烙铁、热风枪。

1. 电烙铁的使用

电烙铁是电子制作和电器维修的必备工具，主要用途是焊接（或拆除）元器件及导线。

1）电烙铁的种类

（1）外热式电烙铁。其结构如图 1-15 所示。这种电烙铁的烙铁头安装在烙铁芯内。其烙铁头使用的时间较长，功率较大，但热效率低，速度较缓慢，一般要预热 6～7min 后才能焊接。

（2）内热式电烙铁。其结构如图 1-16 所示。这种电烙铁的烙铁芯安装在烙铁头内。这种电烙铁具有发热快、质量小、体积小、热利用率高等优点。

图 1-15　外热式电烙铁　　　　　　　　　　图 1-16　内热式电烙铁

上述两种电烙铁是比较常见的，还有一些具有特殊功能的电烙铁，如表 1-4 所示。

表 1-4　具有特殊功能的电烙铁

种　类	样　式	特　点
恒温式电烙铁		恒温式电烙铁的种类较多，烙铁芯一般采用 PTC 元件。此类型的烙铁头不仅能恒温，而且可以防静电、感应电，能直接焊 CMOS 器件 高档的恒温式电烙铁，其附加的控制装置上带有烙铁头温度的数字显示（简称数显）装置，显示温度最高达 400℃。烙铁头带有温度传感器，在控制器上可由人工改变焊接时的温度。若改变恒温点，烙铁头很快就可达到新的设置温度
调温式电烙铁		调温式电烙铁附加有一个功率控制器，使用时可以改变供电的输入功率，可调温度范围为 100～400℃。调温式电烙铁的最大功率是 60W，配用的烙铁头为铜镀铁烙铁头（俗称长寿头）
带吸锡功能式 电烙铁		带吸锡功能式电烙铁自带电源，适合于拆卸整个集成电路且速度要求不高的场合。其吸锡嘴、发热管、密封圈所用的材料，决定了烙铁头的耐用性

续表

种　类	样　式	特　点
无绳式电烙铁		无绳式电烙铁是一种新型恒温式焊接工具，由无绳式电烙铁单元和红外线恒温焊台单元两个部分组成，可实现220V电源电能转化为热能的无线传输。电烙铁单元组件中有温度高低调节旋钮，160~400℃连续可调，并有温度高低挡格指示。另外，还设计了自动恒温电子电路，可根据用户设置的使用温度自动恒温，误差范围为3℃

2）电烙铁使用前的准备工作

（1）外热式电烙铁使用前的准备工作

一把新的电烙铁（或使用一段时间已被氧化的电烙铁）不能拿来就用，必须先去掉烙铁头表面氧化层，再镀上一层焊锡后才能使用，否则，因烙铁头氧化而不粘焊锡。不管烙铁头是新的，还是经过一段时间的使用而损坏或表面发生严重氧化的，都要先用锉刀或细砂纸将烙铁头按自然角度去掉端部表层及损坏部分并打磨光亮，然后镀上一层焊锡。其处理方法和步骤如表1-5所示。

表1-5　电烙铁镀锡步骤

步　骤	图　示	方　法
1		待处理的烙铁头
2		通电前，用锉刀或细砂纸打磨烙铁头，将其氧化层除去，露出平整、光滑的铜表面
3		通电后，将打磨好的烙铁头紧压在松香上，随着烙铁头的加温，松香逐步熔化，使烙铁头被打磨好的部分完全浸在松香中
4		待松香出烟量较大时，取出烙铁头，用焊锡丝在烙铁头上镀上薄薄的一层焊锡
5		检查烙铁头的使用部分是否全部镀上焊锡，若有未镀的地方，应重涂松香、镀锡，直至镀好为止

（2）内热式电烙铁使用前的准备工作

内热式（含恒温式）电烙铁使用时，由于烙铁头已被防氧化处理，不允许用锉刀对其加工，否则，极易损坏烙铁头。

在使用内热式电烙铁之前，事先要准备好湿润的海绵或松香，以备及时清理烙铁头的脏污，保持烙铁头具有较亮的光泽。

3）使用电烙铁的注意事项

（1）使用电烙铁前应检查使用电压是否与电烙铁标称电压相符。

（2）电烙铁通电后不能任意敲击、拆卸及安装其电热部分零件。

（3）切断电源后，最好利用余热在烙铁头上上一层锡，以保护烙铁头。

（4）当烙铁头上有黑色氧化层时，可用细砂纸擦去，然后通电，并立即上锡。

（5）海绵用来收集锡渣和锡珠，以用手捏刚好不出水为宜。

（6）工作时，电烙铁要放在特制的烙铁架上，以免烫坏其他物品而造成安全隐患。常用的烙铁架如图 1-17 所示。烙铁架所放位置一般是在工作台的右上方，以方便操作。

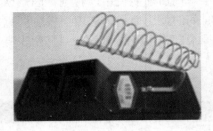

图 1-17　烙铁架

（7）可利用松香判断烙铁头的温度。焊接过程中需要使烙铁头处于适当的温度，可以用松香来判断烙铁头的温度是否适合焊接。在烙铁头上熔化一点儿松香，根据松香的出烟量大小判断温度是否合适，如表 1-6 所示。

表 1-6　利用松香判断烙铁头的温度

现　象			
烟量大小	烟量小，持续时间长	烟量中等，烟消失时间为 6～8s	烟量大，消失很快
温度判断	温度低，不适合焊接	温度适当，适合焊接	温度高，不适合焊接

4）电烙铁的拆装与故障处理

（1）电烙铁的拆装

拆卸电烙铁时，首先拧松手柄上的紧固螺钉，旋下手柄，然后拆下电源线和烙铁芯，最后拔下烙铁头。

安装时的次序与拆卸相反，只是在旋紧手柄时，勿使电源线随手柄一起扭动，以免将电源线接头处绞断而造成开路或绞在一起而形成短路。需要特别指出的是，在安装电源线时，其接头处裸露的铜线一定要尽可能短，以免发生短路事故。

（2）电烙铁的故障处理

电烙铁的故障一般有短路和开路两种。

① 如果是短路，短路的地方一般在手柄中或插头中的接线处。此时用万用表电阻挡检查电源线插头之间的电阻，会发现阻值趋近于零。

② 如果接上电源几分钟后，电烙铁还不发热，若电源供电正常，那么一定在电烙铁的工作回路中存在开路现象。以 20W 电烙铁为例，这时应首先断开电源，然后旋开手柄，用万用表×100 挡测烙铁芯两个接线柱间的电阻值。如果测出的电阻值在 2kΩ 左右，则说明烙铁芯没问题，一定是电源线或接头脱焊，此时应更换电源线或重新连接；如果测出的电阻值无穷大，则说明烙铁芯的电阻丝烧断，此时应更换烙铁芯，即可排除故障。

2. 热风枪的使用

热风枪是维修通信设备的重要工具之一，主要由气泵、气流稳定器、线性电路板、手柄、外壳等基本组件构成。其主要作用是拆焊小型贴片元器件和贴片集成电路。850b 热风枪的外观如图 1-18 所示。其使用方法如下。

图 1-18 850b 热风枪的外观

1）吹焊小贴片元器件的方法

小贴片元器件主要包括片状电阻、片状电容、片状电感及片状晶体管等。对于这些小型元器件，一般使用热风枪进行吹焊。吹焊时一定要掌握好风量、风速和气流的方向。如果操作不当，不但会将小元器件吹跑，而且还会损坏大的元器件。

吹焊小贴片元器件一般采用小嘴喷头，热风枪的温度调至 2～3 挡，风速调至 1～2 挡。待温度和气流稳定后，便可用手指钳夹住小贴片元器件，使热风枪的喷头离欲拆卸的元器件 2～3cm，并保持垂直，在元器件的上方均匀加热，待元器件周围的焊锡熔化后，用手指钳将其取下。如果焊接小元器件，要将元器件放正，若焊点上的锡不足，可用电烙铁在焊点上加注适量的焊锡，焊接方法与拆卸方法一样，只要注意温度与气流方向即可。

2）吹焊贴片集成电路的方法

用热风枪吹焊贴片集成电路时，首先应在芯片的表面涂放适量的助焊剂，这样既可防止干吹，又能帮助芯片底部的焊点均匀熔化。

由于贴片集成电路的体积相对较大，在吹焊时可采用大嘴喷头，热风枪的温度可调至 3～4 挡，风量可调至 2～3 挡，热风枪的喷头离芯片 2.5cm 左右为宜。吹焊时，应在芯片上方均匀加热，直到芯片底部的锡珠完全熔解，此时应用手指钳将整个芯片取下。需要说明的是，在吹焊此类芯片时，一定要注意是否影响周边元器件。另外，芯片取下后，电路板会残留余锡，可用电烙铁将余锡清除。若焊接芯片，应将芯片与电路板相应位置对齐，焊接方法与拆卸方法相同。

3）使用热风枪的注意事项

（1）热风枪的喷头要垂直焊接面，距离要适中。

（2）热风枪的温度和气流要适当。

（3）吹焊结束时，应及时关闭热风枪电源，以免手柄长期处于高温状态，缩短使用寿命。

二、吸锡器的使用

吸锡器属于拆卸工具的一种，通常用于通孔元器件的拆卸。常见的吸锡器如图 1-19 所示。

1．吸锡器的使用方法及步骤。

（1）先把吸锡器活塞向下压至卡住。

（2）用电烙铁加热焊点至焊锡熔化。

（3）移开电烙铁的同时，迅速把吸锡器嘴贴上焊点，并按动吸锡器按钮。

（4）一次吸不干净，可重复操作多次。

吸锡器的使用如图 1-20 所示。

图 1-19　吸锡器

图 1-20　吸锡器的使用

2．使用吸锡器的注意事项

（1）要确保吸锡器活塞密封良好。通电前，用手指堵住吸锡器头的小孔，按下按钮，若活塞不易弹出到位，则说明密封是好的。

（2）吸锡器头的孔径有不同尺寸，要选择合适的规格。

（3）吸锡器头用旧后，要适时更换新的。

（4）接触焊点以前，每次都蘸一点松香，改善焊锡的流动性。

（5）头部接触焊点的时间稍长些，当焊锡熔化后，以焊点针脚为中心，手向外按顺时针方向画一个圆圈之后，再按动吸锡器按钮。

任务三　其他工具的使用

一、紧固工具的使用

紧固工具是用于拧紧或拧松螺钉、螺栓或螺母的，包括螺钉旋具、螺帽旋具、扳手等。

1. 螺钉旋具的使用

螺钉旋具主要是螺丝刀（又称改锥或起子），有一字形螺丝刀、十字形螺丝刀，如图 1-21 所示。在电子整机装配中还经常用到钟表螺丝刀，如图 1-22 所示。

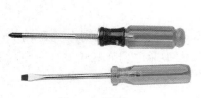

图 1-21　螺丝刀

图 1-22　钟表螺丝刀

螺丝刀的使用方法如下。

（1）以右手握持螺丝刀，手心抵住柄端，让螺丝刀口端与螺钉槽口端处于垂直吻合状态。

（2）当开始拧松或最后拧紧时，应用力将螺丝刀压紧后再用手腕力扭转螺丝刀；当螺栓松动后，即可用手心轻压螺丝刀柄，用拇指、中指和食指快速转动螺丝刀。

2. 螺帽旋具的使用

螺帽旋具又称螺帽起子，适用于装拆外六角螺钉或螺母，能使螺钉或螺帽上得更紧，而且拆卸时更快速、更省力，不易损坏螺钉或螺母，其外形如图 1-23 所示。

3. 扳手的使用

扳手是紧固或拆卸螺栓、螺母的手工工具，常用的有固定扳手、活动扳手。

1）固定扳手

固定扳手用于紧固或拆卸方形或六角形螺栓或螺母，其有开口扳手、梅花扳手、组合扳手，如图 1-24 所示。

图 1-23　螺帽旋具

（a）开口扳手　（b）梅花扳手　（c）组合扳手

图 1-24　多种固定扳手

各种固定板手的使用方法如下。

（1）开口扳手：两头或一头为 U 形钳口。使用时，先将开口扳手套住螺栓或螺母六角的两个对向面，确保完全配合后再施力。施力时，一只手推住开口扳手与螺栓或螺母的连接处，另一只手握紧扳手柄部往身边拉扳，当拉到身体处或被物体阻挡时，将扳手取出重复前述过程。

（2）梅花扳手：两端呈花环状，其内孔由两个正六边形相互同心错开 30° 而成。一般，梅花扳手头部有弯头，这样的结构便于拆卸、装配在凹槽中的螺栓或螺母。使用梅花扳手时，左手推住梅花扳手与螺栓或螺母的连接处，保持接触部分完全配合，右手握住梅花扳手的另一端并加力。因为梅花扳手可将螺栓、螺母的头部全部围住，所以可以施加大力矩。

（3）组合扳手：又叫两用扳手，是把梅花扳手和开口扳手组合在一起而形成的。在紧固过程中，可先用开口端把螺栓或螺母旋到底，再使用梅花端完成最后的紧固，而拧松时则应先使用梅花端。

2）活动扳手

活动扳手适用于旋动尺寸不规则的螺栓、螺母，它能在一定范围内任意调节开口尺寸。它由固定钳口和可调钳口两个部分组成，其开口大小通过调节蜗轮进行调整。活动扳手如图 1-25 所示。

活动扳手的使用方法如下。

（1）先将活动扳手调整合适，使活动扳手的钳口与螺栓或螺母两对边完全贴紧，不存在间隙。

（2）施加力，使可调钳口受推力，固定钳口受拉力，如图 1-26（a）所示，这样能保证螺栓、螺母及扳手本身不被破坏。

（3）扳动较大的螺栓、螺母时，所用力矩较大，手握住手柄尾部；扳动较小的螺栓、螺母时，为了防止钳口处打滑，手可握在接近头部位置，且用拇指调节和稳定蜗轮。

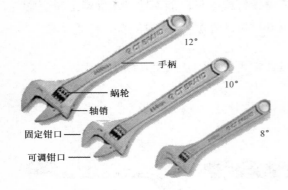

图 1-25　活动扳手

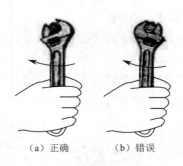

（a）正确　　　（b）错误

图 1-26　活动扳手的正确使用方法

二、剪切工具的使用

剪切工具用于剪断导线、元器件引脚、金属丝等，常用的有斜口钳、剪刀、尖嘴钳等。

1. 斜口钳的使用

斜口钳也称偏口钳，如图 1-27 所示。其钳口有刃口，端部呈圆形，专用于剪断导线、元器件的过长引脚，比钢丝钳和尖嘴钳都使用方便，还可以代替一般剪刀用来剪断套管、尼龙扎线等。

注意：斜口钳不能用来剪断硬的或粗的金属丝，否则，会损坏刃口。

2. 剪刀的使用

剪刀主要用于剪断塑料套管、金属丝、细导线等，如图 1-28 所示。一般右手使用它，其使用方法和日常用的剪刀没有区别。

图 1-27　斜口钳

图 1-28　剪刀

3. 尖嘴钳的使用

尖嘴钳如图 1-29 所示。可使用尖嘴钳的刃口部分剪断金属丝。用它的钳口前部夹持导线、元器件，还可以将元器件引脚、单股导线弯成一定的圆弧形状，适用于在较小的空间内操作。

4. 镊子的使用

镊子有钟表镊子和医用镊子，其外形如图 1-30 所示。它主要用于手工焊接时夹持导线和元器件，防止移动。用不锈钢制造的 130～150mm 长的镊子较为常用。

图 1-29　尖嘴钳

图 1-30　镊子

三、专用工具的使用

专用工具是指专门用于电子整机装配的工具，包括剥线钳、绕线器、压接钳等。

1. 剥线钳的使用

剥线钳的主要部分是钳头和手柄，如图 1-31 所示，用于剥削直径在 3mm 以下的导线线头的塑料、橡皮绝缘层。它的钳头工作部分有 0.5～3mm 的多个不同孔径的钳口，以便剥削不同规格的芯线绝缘层。

剥线钳的使用方法如下。

（1）用标尺定好要剥掉的绝缘层长度。

（2）将导线放在钳口中。一般为了不损伤芯线，宜将导线放在大于芯线的钳口中。

（3）用手将两个手柄向内握，导线的绝缘层皮即被剥离弹出。

2. 绕线器的使用

绕线器又称绕线枪，如图 1-32 所示。将导线按规定圈数紧密地缠绕在其带有棱边的接线柱上，可使之成为牢固的接点。绕线器是无锡焊接中进行绕接操作的专业工具。它具有可靠性高、效率高、无污染等优点，且使用方便，简单易学。

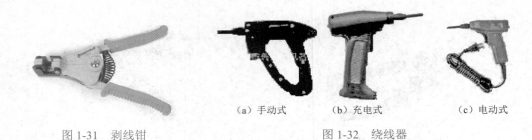

(a) 手动式　　　(b) 充电式　　　(c) 电动式

图 1-31　剥线钳　　　　　　　图 1-32　绕线器

3. 压接钳的使用

压接钳是无锡焊接中进行压接操作的专用工具，用于压接接线鼻等，如图 1-33 所示。压接钳有快速液压钳和普通压接钳。

压接钳的使用方法如下。

（1）在导线端头去除绝缘层。

（2）将芯线插入接线鼻内，确认在同一轴上。

（3）用手扳动压接钳的手柄，相同材料压两次或 3 次，铝、铜接头压 3 次或 4 次。

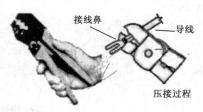

图 1-33　压接钳和压接过程

1.2　项目基本知识

知识点一　使用万用表的注意事项

一、使用指针式万用表的注意事项

（1）在使用万用表之前，应先进行机械调零，即在没有被测电量时，使万用表指针指在零电压或零电流的位置上。

（2）在使用万用表过程中，不能用手去接触表笔的金属部分，这样一方面可以保证测量的准确，另一方面也可以保证人身安全。

（3）在测量某一电量时，不能在测量的同时换挡，尤其是在测量高电压或大电流时，更应注意，否则，会使万用表毁坏。如需换挡，应先断开表笔，换挡后再去测量。

（4）万用表在使用时，必须水平放置，以免造成误差。同时，还要注意避免外界磁场对万用表造成影响。

（5）万用表使用完毕，应将挡位开关置于交流电压的最大挡。如果长期不使用，还应将万用表内部的电池取出来，以免电池腐蚀表内其他元器件。

二、使用数字式万用表的注意事项

（1）将电源开关置于 ON 位置，检查 9V 电池，如果电池电压不足，电池图标将显示在显示屏上，这时，应更换电池。

（2）表笔插孔旁边的 △ 符号，表示输入电压或电流不应超过标示值，这是为了保护内部线路免受损伤。

（3）测量前，量程开关应放置于所需量程上。

（4）万用表使用完毕，关闭电源，同时将量程开关置于交流电压的最大挡。如果长期不使用，还应将万用表内部的电池取出来，以免电池腐蚀表内其他元器件。

知识点二　使用热风枪的注意事项

在不同的场合，对热风枪的温度和风量等有特殊要求，温度过低会造成元器件虚焊，温度过高会损坏元器件及电路板，风量过大会吹跑小元器件；同时，对热风枪的选择也很重要，不要因为价格问题去选择低档次的热风枪。

（1）热风枪的喷头要垂直焊接面，距离要适中。

（2）热风枪的温度和气流要适当。

（3）吹焊手机电路板时，应将备用元器件取下，以免电池受热而爆炸。

（4）吹焊结束时，应及时关闭热风枪电源，以免手柄长期处于高温状态，缩短使用寿命。

（5）热风枪使用时或刚使用过后，不要去碰触喷嘴；热风枪的把手必须保持干燥、干净且远离易燃易爆物品。

（6）热风枪要完全冷却后才能存放。

（7）不可将热风枪与化学类（塑料类）的刮刀一起使用。

（8）使用后应将喷嘴或刮刀的干油漆清除掉，以免着火。

（9）必须在通风良好的地方使用。

（10）不能将热风枪当作吹风机使用。

（11）不可直接将热风对着人或动物。

1.3　项目知识拓展

EE1641B1 型函数信号发生器/计数器面板的识读

EE1641B1 型函数信号发生器/计数器是一种精密的测试仪器，具有连续信号、扫频信号、函数信号、脉冲信号等多种输出信号和外部测频功能。

一、前面板说明

EE1641B1 型函数信号发生器/计数器的前面板如图 1-34 所示，图中各部件的功能见表 1-7。

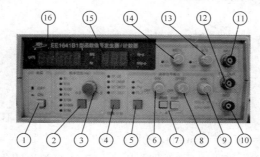

图 1-34　EE1641B1 型函数信号发生器/计数器的前面板

表 1-7　EE1641B1 型函数信号发生器/计数器前面板各部件的功能

序 号	名 称	功 能
①	电源开关	此开关按下时，机内电源接通，整机工作。此开关释放为关机
②	频率范围粗选择旋钮	调节此旋钮可粗调输出频率的范围
③	频率范围精选择旋钮	调节此旋钮可精细调节输出频率
④	扫描/计数按钮	可选择多种扫描方式和外测频方式
⑤	函数输出波形选择按钮	可选择正弦波、三角波、脉冲波输出
⑥	输出波形对称性调节旋钮	调节此旋钮可改变输出信号的对称性。当电位器处在 OFF 位置时，则输出对称信号
⑦	函数信号输出幅度衰减开关	"20dB"、"40dB"键均不按下，输出信号不经衰减，直接输出到插座口；"20dB"、"40dB"键分别按下，则可选择 20dB 或 40dB 衰减
⑧	函数信号输出信号直流电平预置调节旋钮	调节范围为-5～5V（50W 负载）。当电位器处在 OFF 位置时，则为零电平
⑨	函数信号输出幅度调节旋钮	信号输出幅度调节范围为 20dB
⑩	函数信号输出端	输出多种波形受控的函数信号，输出幅度为 $20V_{p-p}$（1MW 负载）、$10V_{p-p}$（50W 负载）
⑪	外部输入插座	当扫描/计数按钮功能选择在外扫描计数状态时，外扫描控制信号或外测频信号由此输入
⑫	TTL 信号输出端	输出标准的 TTL 幅度的脉冲信号，输出阻抗为 600Ω
⑬	速率调节旋钮	调节此旋钮可调节扫频输出的频率宽度。在外测频时，逆时针旋到底（绿灯亮），为外输入测量信号经过衰减 20dB 进入测量系统
⑭	扫描宽度调节旋钮	调节此旋钮可以改变内扫描的时间长短。在外测频时，逆时针旋到底（绿灯亮），为外输入测量信号经过低通开关进入测量系统
⑮	幅度显示窗口	显示函数输出信号的幅度
⑯	频率显示窗口	显示输出信号的频率或外测频信号的频率

二、后面板说明

　　EE1641B1 型函数信号发生器/计数器的后面板仅有一个交流市电 220V 输入插座，该插座内置熔断器座，其容量为 0.5A。

 项目评估检查

一、思考题

1．简述指针式万用表和数字式万用表使用时应该注意哪些不同之处。

2．如何调试出 V_{p-p}=5V、f=150kHz 的正弦波？

3．简述示波器通电前和通电后的调试步骤有哪些？并说明如何根据波形图计算出波

形的 V_{p-p} 和周期？

    4．简述信号发生器的基本组成和各部分的功能。

    5．如何合理选择和正确使用信号发生器？

二、技能训练

将学生根据情况分组，进行如下训练。

1．万用表的使用训练。

2．示波器的使用训练。

3．电烙铁的使用训练。

4．热风枪的使用训练。

5．吸锡器的使用训练。

6．紧固工具的使用训练。

7．剪切工具的使用训练。

三、项目评价评分表

1．自我评价、小组互评及教师评价

评价项目	项目评价内容	分值	自我评价	小组互评	教师评价	得分
实操技能	① 万用表的使用	10				
	② 示波器的使用	10				
	③ 电烙铁和热风枪的使用	8				
	④ 吸锡器的使用	8				
	⑤ 紧固工具的使用	5				
	⑥ 剪切工具的使用	5				
	⑦ 专用工具的使用	5				
	⑧ 信号发生器的使用	6				
理论知识	① 使用万用表的注意事项	10				
	② 使用热风枪的注意事项	6				
	③ 万用表面板符号的意义及使用方法	6				
	④ 示波器面板符号的意义及使用方法	6				
安全文明生产和职业素质培养	① 出勤、纪律	5				
	② 工具的摆放和维护	5				
	③ 团队协作精神、卫生情况	5				

2. 小组学习活动评价表

班级：_____ 小组编号：_____ 成绩：_____

评价项目	评价内容及评价分值			自评	互评	教师评分
分工合作	优秀（12~15分）	良好（9~11分）	继续努力（9分以下）			
	小组成员分工明确，任务分配合理，有小组分工职责明细表	小组成员分工较明确，任务分配较合理，有小组分工职责明细表	小组成员分工不明确，任务分配不合理，无小组分工职责明细表			
获取与项目有关质量、市场、环保等内容的信息	优秀（12~15分）	良好（9~11分）	继续努力（9分以下）			
	能从网络等多种渠道获取信息，并能合理地选择信息、使用信息	能从网络等多种渠道获取信息，并能较合理地选择信息、使用信息	能从网络等多种渠道获取信息，但信息选择不正确，信息使用不恰当			
实际技能操作	优秀（16~20分）	良好（12~15分）	继续努力（12分以下）			
	能按技能目标要求规范地完成每项实操任务	能按技能目标要求较规范地完成每项实操任务	能按技能目标要求完成每项实操任务，但规范性不够			
基本知识分析讨论	优秀（16~20分）	良好（12~15分）	继续努力（12分以下）			
	讨论热烈，各抒己见，概念准确，原理思路清晰，理解透彻，逻辑性强，并有自己的见解	讨论没有间断，各抒己见，分析有理有据，思路基本清晰	讨论能够展开，分析有间断，思路不清晰，理解不透彻			
成果展示	优秀（24~30分）	良好（18~23分）	继续努力（18分以下）			
	能很好地理解项目的任务要求，成果展示逻辑性强，熟练利用信息技术（电子教室网络、互联网、大屏等）进行成果展示	能较好地理解项目的任务要求，成果展示逻辑性较强，能较熟练利用信息技术（电子教室网络、互联网、大屏等）进行成果展示	基本理解项目的任务要求，成果展示停留在书面和口头表达，不能熟练利用信息技术（电子教室网络、互联网、大屏等）进行成果展示			
总分						

项目二

常用电子元器件的识读与检测

项目情境创设

电子元器件是组成电子整机的基本单元，在电路中具有独立的电气功能，其性能和质量对电子整机的质量影响很大。因此，掌握常用电子元器件的识读与检测方法，对提高电子产品的装配质量和可靠性起着重要的保证作用。本项目主要介绍电阻、电容、电感、二极管、三极管、贴片元器件等的识读与检测方法。

常用电子元器件如图 2-1 所示。

| （a）电阻 | （b）电容 | （c）电感 | （d）二极管 | （e）三极管 |

图 2-1　常用电子元器件

项目教学目标

	项目教学目标	学　时	教 学 方 式
技能目标	① 掌握电阻、电容、电感的识读方法与检测方法 ② 掌握二极管、三极管的识读方法与检测方法 ③ 了解集成电路的识读方法与检测方法 ④ 了解光电耦合器的识读方法与检测方法 ⑤ 了解电声器件、显示器件的识读方法与检测方法	6	教师演示，学生识读与检测元器件 重点：掌握电阻、电容、晶体管的识读方法与检测方法 教师指导、答疑
知识目标	① 掌握电阻、电容、电感的基本知识 ② 掌握二极管、三极管的基本知识 ③ 熟悉各种元器件的分类和作用 ④ 初步了解贴片元器件的基本知识 ⑤ 了解集成电路、光电耦合器的基本知识	4	教师讲授、自主探究
情感目标	激发学生对本门课的兴趣，培养信息素养、团队意识		网络查询、小组讨论、相互协作

项目任务分析

本项目通过对常用电子元器件的识读与检测技能训练和基本理论知识的学习，使学生掌握电阻、电容、电感、二极管、三极管、集成电路、光电耦合器、电声器件及显示器件等常用电子元器件的识别与检测方法，了解它们的基本知识和用途，为后续知识的学习打好基础。

项目基本功

2.1　项目基本技能

任务一　电阻、电容、电感的识读与检测

一、电阻的识读与检测

1．电阻的识读

电阻的单位是欧姆，用 Ω 表示，另外还有千欧（kΩ）和兆欧（MΩ）。它们之间的换算关系如下。

$$1k\Omega=10^3\Omega$$

$$1M\Omega=10^3k\Omega$$

常见的电阻阻值的表示方法如图 2-2 所示。

　　（a）　　　　　　（b）　　　　　　（c）　　　　　　（d）　　　　　　（e）　　　　　　（f）

图 2-2　常见的电阻阻值的表示方法

电阻阻值的表示有以下几种方法。

1）色标法

色标法就是用不同色环标明阻值及误差。该种表示方法具有标志清晰及从各个角度都容易看清的优点，是目前插件电阻最常用的阻值表示方法，如图 2-2（a）、（b）所示。色标法有以下两种表示形式。

（1）四环电阻色标法。普通电阻用 4 条色环表示标称阻值和允许误差，其中 3 条表示阻值，1 条表示误差。四环电阻色标法的识读方法如图 2-3 所示。例如，电阻上的色环依次为蓝、红、棕、金，则表示 62×10=620Ω，其误差是±5%。

（2）五环电阻色标法。精密电阻用 5 条色环表示标称阻值和允许误差，其中 4 条表示阻值，1 条表示误差。五环电阻色标法的识读方法如图 2-4 所示。例如，色环是棕、黑、黑、红、棕，则表示 $100×10^2$=10kΩ，其误差是±1%。

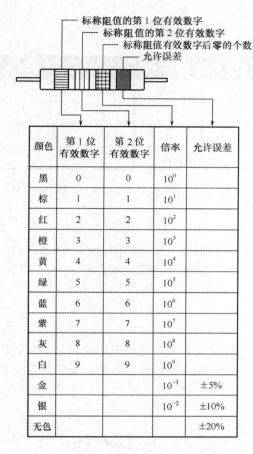

图 2-3　四环电阻色标法的识读方法

颜色	第1位有效数字	第2位有效数字	倍率	允许误差
黑	0	0	10^0	
棕	1	1	10^1	
红	2	2	10^2	
橙	3	3	10^3	
黄	4	4	10^4	
绿	5	5	10^5	
蓝	6	6	10^6	
紫	7	7	10^7	
灰	8	8	10^8	
白	9	9	10^9	
金			10^{-1}	±5%
银			10^{-2}	±10%
无色				±20%

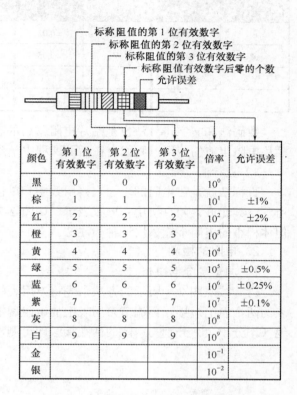

图 2-4　五环电阻色标法的识读方法

颜色	第1位有效数字	第2位有效数字	第3位有效数字	倍率	允许误差
黑	0	0	0	10^0	
棕	1	1	1	10^1	±1%
红	2	2	2	10^2	±2%
橙	3	3	3	10^3	
黄	4	4	4	10^4	
绿	5	5	5	10^5	±0.5%
蓝	6	6	6	10^6	±0.25%
紫	7	7	7	10^7	±0.1%
灰	8	8	8	10^8	
白	9	9	9	10^9	
金				10^{-1}	
银				10^{-2}	

2）数码法

数码法就是用 3 位阿拉伯数字表示阻值，其中前两位表示阻值的有效数字，第 3 位表示有效数字后面零的个数；当阻值小于 10Ω 时，用×R×表示（×代表数字），将 R 看作小数点，如图 2-5 所示。

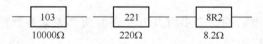

图 2-5　电阻的数码法举例

3）文字符号法

文字符号法就是用数字和文字符号两者有规律的组合来表示阻值，其允许误差也用文字符号表示，如图 2-6 示。

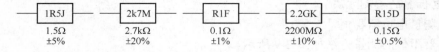

图 2-6　电阻的文字符号法举例

表示文字阻值允许误差的文字符号如表 2-1 所示。

表 2-1　表示阻值允许误差的文字符号

文 字 符 号	允许误差（%）	文 字 符 号	允许误差（%）	文 字 符 号	允许误差（%）	文 字 符 号	允许误差（%）
E	±0.001	U	±0.02	D	±0.5	K	±10
X	±0.002	W	±0.05	F	±1	M	±20
Y	±0.005	B	±0.1	G	±2	N	±30
H	±0.01	C	±0.2	J	±5		

数码法和文字符号法也是贴片电阻常用的表示方法，如图 2-2（d）、（e）所示。关于贴片电阻阻值的应用，我们会在后面课程中学到。

4）直标法

直标法就是在电阻的表面直接用数字和单位符号标出电阻的标称阻值，如图 2-2（f）所示，其允许误差直接用百分数表示，如图 2-7 所示。直标法的优点是直观、一目了然，但体积小的电阻不能采用这种标注法。

2.　电阻的检测

1）测量实际电阻值

（1）按照图 2-8 所示的方法，先将万用表的挡位开关拨到合适的电阻挡，然后将万用表的两个表笔短接，再调节万用表上的电阻调零旋钮，使指针指到零欧姆，最后将两个表笔（不分正负）分别与电阻的两端接触即可测出实际电阻值。

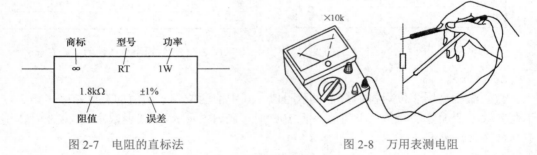

图 2-7　电阻的直标法　　　　　　　　　图 2-8　万用表测电阻

（2）不要把双手和电阻的两个引脚及万用表的两个表笔并联捏在一起。

（3）禁止带电测量电阻值。

2）鉴别固定电阻质量的简易方法

先用万用表对固定电阻的阻值进行测量，看其是否与标称阻值相符，再进行外观检查。若测定数据与标称阻值相符，外观端正，标志清晰，颜色均匀有光泽，保护漆完好，引线对称，且无伤痕、无断裂、无腐蚀，则可初步判定该固定电阻质量良好。

3）电位器的检测方法

（1）测量电位器阻值

电位器阻值的测量方法如图 2-9 所示。

第 1 步：根据电位器的标称阻值选择万用表电阻挡合适的量程，并调零。

第 2 步：用万用表的两个表笔接触电位器的 2、4 两脚。

第 3 步：读出该电位器的标称阻值。

（2）鉴别电位器质量的简易方法

第 1 步：旋转电位器的手柄，感觉其转动是否平滑。如电位器触点与碳膜摩擦时发出较强的"沙沙"声，则说明电位器质量不好。

第 2 步：如电位器带开关装置，则开关通、断时应有清脆的"喀哒"声。

第 3 步：在图 2-9 所示的电位器中，用万用表表笔接触电位器的除 1、5 两脚之外的 2、3、4 接线脚，缓慢旋转手柄，万用表指针的移动应连续、均匀。如发现有断续或跳动现象，则说明该电位器存在接触不良或阻值变化不均匀的问题，需更换新的电位器。

第 4 步：将电位器调整到接近"关"的位置时，阻值越小表明电位器质量越好。

第 5 步：电位器不能被旋转 360°（多圈电位器除外）。

二、电容的识读与检测

1．电容的识读

标在电容外表上的电容容量数值是电容的标称容量。电容量的单位有法拉（F）、毫法（mF）、微法（μF）、纳法（nF）和皮法（pF）等。它们之间的换算关系如下。

$$1mF=10^{-3}F$$
$$1\mu F=10^{-6}F$$
$$1nF=10^{-9}F$$
$$1pF=10^{-12}F$$

电容量的表示有以下几种方法。

1）文字符号法

这是国际电工委员会推荐的标注方法，也称为字母数字混合标示法。这种方法用阿拉伯数字和文字符号（单位字母）的组合来表示标称电容量，其中数字表示电容量的有效数值，字母表示数值的单位（量级）。在文字符号（单位字母）前面的数字表示整数值，后面的数字表示小数值。文字符号法举例如图 2-10 所示，4n7 表示 4.7nF。

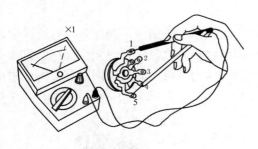

图 2-9　电位器阻值的测量方法

图 2-10　文字符号法

2）数字标示法

这种方法是用 1～4 位数字表示电容量，不标注单位。

（1）当数字部分大于 1 时，如果不带单位，则其单位为 pF。例如，在 2-11 中，图（a）中的 220μF 表示 220μF，同样图（b）中的 47μF 表示 47μF，而图（c）中的 200 表示 200pF，图（d）中的 270 表示 270pF，图（e）中的 6800 表示 6800pF。

（2）当数字部分大于 0 小于 1 时，如果不带单位，则其单位为 μF。例如，图 2-11（f）中的 0.01（有时也用.01 表示）表示 0.01μF。

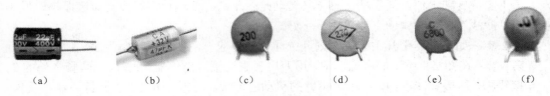

图 2-11　数字标示法

3）数码标示法

数码标示法一般是用 3 位数字表示电容量的大小（第 3 位不是 0，如果第 3 位是 0，则是数字标示法）。3 位数字中的前面 2 位数字为电容器标称容量的有效数字，第 3 位数字表示 10 的 n 次方（即有效数字后面零的个数）。它们的单位是 pF。

注意：$n=0\sim7$ 时表示 10 的 n 次方，特殊情况是，$n=9$ 时表示 10 的-1 次方，$n=8$ 时表示 10 的-2 次方，第 3 位数字是 8 或 9 的情况很少见。

例如，在图 2-12 中，图（a）中的 331 表示 $33\times10^1=330$，单位是 pF；图（b）中的 472 表示 4700pF，即 4.7nF；图（c）中的 104 表示 100000pF，即 100nF 或 0.1μF。

图 2-12　数码标示法

4）色码标示法

色码标示法是用不同颜色的色环或色点来表示电容器的主要参数，其颜色含义和识读方法与电阻的色标法基本相同。第 1、2 色码为标称值的有效数字，第 3 色码为倍乘数，第 4 色码为误差范围，第 5 色码为温度系数。

有些电容有极性区分，使用时极性不能接反，否则，电容不仅不能起到应有的作用，还会危害到电路的安全。常用的极性电容有铝电解电容和钽电容，它们标注极性的方法不同。电容的两个引脚当中，引脚长的为正极，引脚短的为负极。另一种判别方法为：铝电解电容在电容体上标有"–"，钽电容在电容体上标有"+"，如图 2-13 所示。

"–"标志　　　　　　　　　　　　　　　　　　"+"标志

（a）铝电解电容　　　　　　　　　　　　　　（b）钽电容

图 2-13　极性电容

2. 电容的检测

1）用万用表对电容容量进行测量、判断

电容容量的测量、判断方法如表2-2所示。其连接方法如图2-14所示，图中为电容充放电结束后对电容质量的判断。

表2-2　用万用表对电容容量进行测量、判断

容　　量	万　用　表	量　程	方　　法
47nF 以上	指针式	×1k	将万用表的挡位开关拨至电阻挡，当万用表的表笔接触电容的两极时，表头指针先是顺时针方向迅速偏移，然后逐渐恢复；将两个表笔对调后，表头指针又是先顺时针方向迅速偏移，然后逐渐恢复。容量越大，指针的偏移幅度越大，恢复的速度越缓慢。所以，根据指针偏移幅度的大小可以粗略地判断电容容量的大小
5～47nF	指针式	×10k	
5nF 以下	数字式	pF 挡	当用指针式万用表的电阻最高挡也看不出指针的偏转时，应用数字式万用表或电容表进行测量，根据液晶屏显示数字读取数据

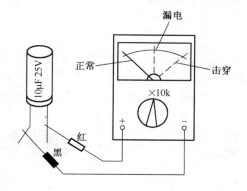

图2-14　用指针式万用表判断电容的质量

2）注意事项

（1）在进行以上测量前，应先将电容的两个引脚进行短路放电。

（2）测量时，不能用两手接触电容的两个引脚，以免影响测量结果的准确性。

3）鉴别固定电容质量的简易方法

用指针式万用表表笔（电阻挡）接触电容的两极，指针应先是顺时针方向偏移，然后逐渐恢复至阻值无穷大。

（1）利用漏电阻鉴别电容质量。以上测量若指针不能恢复，则稳定后的读数即是该电容的漏电阻。这个阻值一般应在几百欧至几兆欧，否则，电容存在质量问题。阻值越大表明这个电容的绝缘性能越好。

（2）利用指针偏移鉴别电容质量。在测量中，若正向、反向均无充电现象，即表针不动，则说明电容容量消失或内部断路（容量在 5nF 以下的小容量电容除外）；如果所测阻值很小或为零，则说明电容漏电大或已击穿损坏。

4）电解电容的极性判断方法

对于正、负极标志不明的电解电容，可先任意测一下漏电阻，记住其大小；然后交换

表笔再测一次，两次测量中阻值大的那一次便是正确接法，即黑表笔接的是正极，红表笔接的是负极（因黑表笔与万用表内部电池的正极相接）。

5）鉴别可变电容质量的简易方法

（1）用手转动可变电容的转轴，感觉应十分平滑，不应有时松时紧或卡滞现象。

（2）将转轴向各个方向推动，不应有摇动现象。

（3）将万用表的挡位开关置于×10k挡，将两个表笔分别接触可变电容的动片和定片的引脚，并将转轴来回转动，万用表的指针都应在无穷大的位置不动。若指针有时指向零，则说明动片和定片之间存在短路现象；若旋转到某一位置时，万用表读数不是无穷大而是有电阻值，则说明可变电容动片和定片之间存在漏电的现象。

三、电感的识读与检测

1. 电感的识读

电感上电感量的表示主要采用以下方法。

1）直标法

电感的直标法举例如图 2-15 所示。

2）色标法

电感的色标法举例如图 2-16 所示。第 1、2 条色环表示两位有效数字，第 3 条色环表示倍乘数，第 4 条色环表示允许误差，单位为 μH。各色环颜色的含义与电阻的色标法相同。

图 2-16 中的色环顺序依次是棕、黑、黑、银，电感量为 10μH。

图 2-15 电感的直标法举例　　　　图 2-16 电感的色标法举例

2. 电感的检测

（1）外观检测。观察电感引脚有无断线、开路、生锈，线圈有无松动、发霉、烧焦等现象，对于带有磁芯的电感线圈，还要看其磁芯有无松动和破损。若有上述现象，则说明电感存在质量问题，需用万用表进一步检测。

（2）万用表检测。用万用表的×1挡测量电感线圈的阻值。线圈的匝数多、线径细，阻值就大一些，反之相反。对于有抽头的线圈，各引出脚之间都有一定的阻值，若测得其阻值为无穷大，则说明线圈已开路；若测得其阻值等于零，则说明线圈已短路。另外，线圈局部短路时的阻值比正常值小一些，局部断路时的阻值比正常值大一些。

电感量的数值需要用专门的仪器测量，如电感测量仪等。

任务二　晶体管的识读与检测

一、二极管的识读与检测

1. 二极管的识读

二极管的外形通常有引脚极性标记，常见的有以下几种。

（1）在二极管的负极有一条色环标记，如图 2-17（a）所示。

（2）在二极管外壳的一端标有一个色点，表示二极管的正极，另一端则为负极，如图 2-17（b）所示。

（3）在二极管的外壳上直接印有二极管的电路符号，由此判断二极管的极性，如图 2-17（c）所示。

（4）对于发光二极管，因其呈透明状，所以管壳内的电极清晰可见。其内部电极较宽大的一个为负极，较窄小的一个为正极。新的发光二极管往往是一个脚长，一个脚短，一般长脚为正极，短脚为负极，如图 2-17（d）所示。

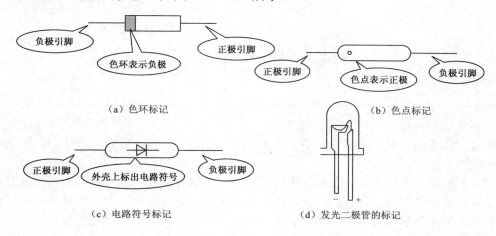

图 2-17　二极管引脚示意图

2. 二极管的检测

1）指针式万用表挡位的选择

对于一般小功率管，宜使用电阻挡的×100 和×1k 挡，而不宜使用×1 和×10k 挡。前者由于万用表内阻最小，通过二极管的正向电流较大，可能烧毁管子；后者由于万用表电池的电压较高，加在二极管两端的反向电压也较高，易击穿管子。对于大功率管，可选电阻挡的×1 挡。

2）检测方法

二极管的检测方法如表 2-3 所示。

表 2-3　二极管的检测方法

检 测 项 目	图　　示	检 测 方 法
判断正、负极	电阻较小 ×1k 黑　红	将万用表的挡位开关置于×100 或×1k 挡，先用红、黑表笔任意测量二极管两个引脚间的电阻值，然后交换表笔再测量一次。如果二极管是好的，则两次测量结果必定出现一大一小。以阻值较小的一次测量为准，黑表笔所接的一端为正极，红表笔所接的一端为负极

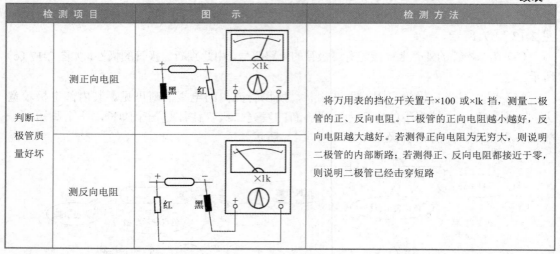

检 测 项 目	图 示	检 测 方 法
判断二极管质量好坏	测正向电阻 测反向电阻	将万用表的挡位开关置于×100 或×1k 挡，测量二极管的正、反向电阻。二极管的正向电阻越小越好，反向电阻越大越好。若测得正向电阻为无穷大，则说明二极管的内部断路；若测得正、反向电阻都接近于零，则说明二极管已经击穿短路

二极管的正向特性测量如图 2-18 所示。用万用表测量时，将黑表笔接二极管的正极，红表笔接二极管的负极，此时的阻值一般为 100～500Ω。当红、黑表笔对调后，阻值应在几百千欧以上。

如果不知道二极管的正、负极，也可用上述方法进行判断。测量中，当万用表显示阻值很小时，该阻值即为二极管的正向电阻，此时黑表笔所接的一端为二极管的正极，另一端为负极。如果显示阻值很大，则红表笔所接的一端为正极，另一端为负极。

二极管的反向特性测量如图 2-19 所示。

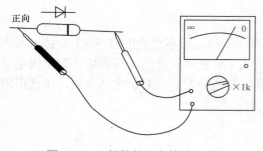

图 2-18　二极管的正向特性测量

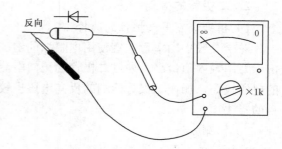

图 2-19　二极管的反向特性测量

3）检测分析

若测得二极管正、反向电阻都很大，则说明其内部断路；若测得二极管正、反向电阻都很小，则说明其内部有短路故障；若两者差别不大，则说明此管失去了单向导电的功能。

二、三极管的识读与检测

1. 三极管的引脚排列规律和识读

一般而言，三极管的引脚排列还是很有规律的，可以通过引脚排列规律直接分辨三极管的 3 个引脚。最常用的几种三极管的引脚排列如表 2-4 所示。

有些三极管的引脚排列因其品种、型号及功能等不同而异，特别是塑封管的引脚排列有很多形式，使用者很难一一记清。使用者在使用时若不知其引脚排列，应查阅产品手册或相关资料，不可凭想象推测，否则极易出错。

2. 用万用表检测中、小功率三极管

中、小功率三极管的检测如表 2-5 所示。如果不知道三极管的型号及管子的引脚排列，则可按以下方法进行检测判断。

（1）判定基极。万用表采用×1k 挡，先用黑表笔接某一个引脚，红表笔分别接另外两个引脚，测得两个电阻值。再将黑表笔换接另一个引脚，重复以上步骤，直至测得两个电阻值都很小，这时黑表笔所接的是基极 b，此三极管为 NPN 型。若黑、红表笔对换，即红表笔接基极 b，则三极管为 PNP 型。

（2）判断集电极和发射极。三极管的集电极、发射极判断如表 2-5 所示。

表 2-4　几种三极管的引脚排列

封 装 形 式	外　形	引 脚 排 列	说　明
引脚呈直线排列（塑封管壳）		e b c	引脚排列成一条直线且距离相等，则靠近管壳红点的为发射极，中间的为基极，剩下的是集电极
		c b e	引脚排列成直线但距离不相等，则距离较近的两脚之中，靠近管壳的那一脚为发射极，中间的为基极，剩下的是集电极
	平面	e b c	可把平面朝向自己，引脚朝下，则从左至右依次为发射极、基极、集电极
金属外壳大功率管	3AD5 c b e	孔 b e c	管底朝向自己，中心线上方左侧为基极，右侧为发射极，金属外壳为集电极

表 2-5　三极管的检测

检测项目	图　示	检 测 方 法
判断基极 b 和三极管类型	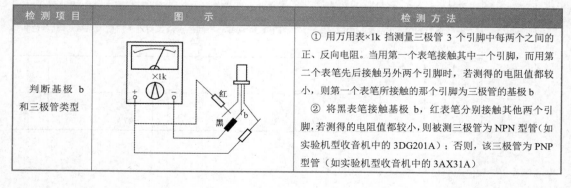	① 用万用表×1k 挡测量三极管 3 个引脚中每两个之间的正、反向电阻。当用第一个表笔接触其中一个引脚，而用第二个表笔先后接触另外两个引脚时，若测得的电阻值都较小，则第一个表笔所接触的那个引脚为三极管的基极 b ② 将黑表笔接触基极 b，红表笔分别接触其他两个引脚，若测得的电阻值都较小，则被测三极管为 NPN 型管（如实验机型收音机中的 3DG201A）；否则，该三极管为 PNP 型管（如实验机型收音机中的 3AX31A）

检 测 项 目	图　　示	检 测 方 法
判断集电极c和发射极e	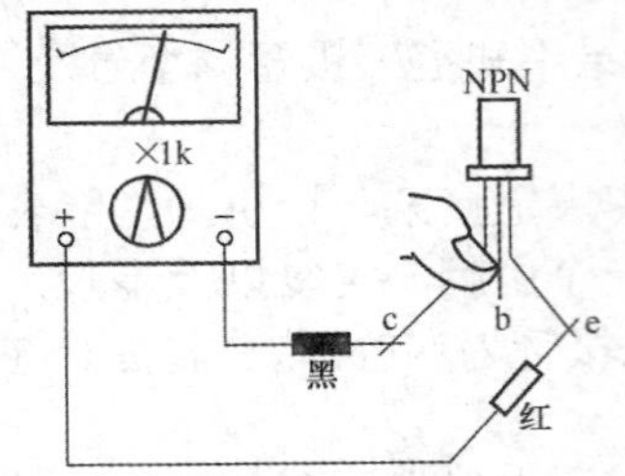	将万用表的挡位开关置于×1k挡。先使被测三极管的基极悬空，万用表的红、黑表笔分别接触其余引脚，此时指针应指在无穷大位置。然后用手指同时捏住基极与左边的引脚，如左图所示。如果万用表指针向右转较明显，则表明左边的引脚为集电极c，右边的引脚为发射极e；如果万用表指针基本不摆动，可改用手指同时捏住基极与右边的引脚，若指针向右偏转较明显，则证明右边的引脚为集电极c，左边的引脚为发射极e
		将万用表的挡位开关置于×1k挡。先使被测三极管的基极悬空，万用表的红、黑表笔分别接触其余引脚，此时指针应指在无穷大位置。然后用手指同时捏住基极与右边的引脚，如左图所示。如果万用表指针向右偏转较明显，则表明右边的引脚为集电极c，左边的引脚为发射极e；如果万用表指针基本不摆动，可改用手指同时捏住基极与左边的引脚，若指针向右偏转较明显，则证明左边的引脚为集电极c，右边的引脚为发射极e
判断三极管质量好坏	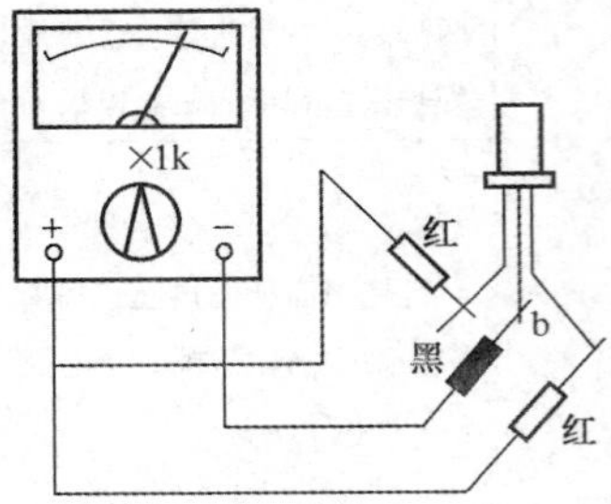	将万用表的挡位开关置于×100或×1k挡：①把黑表笔接在基极上，将红表笔先后接在其余两个极上；②把红表笔接在基极上，将黑表笔先后接在其余两个极上。 对于NPN型三极管，第①种接法两次测得的电阻值都较小，第②种接法两次测得的电阻值都很大，说明三极管是好的 对于PNP型三极管，第①种接法两次测得的电阻值都较大，第②种接法两次测得的电阻值都很小，说明三极管是好的

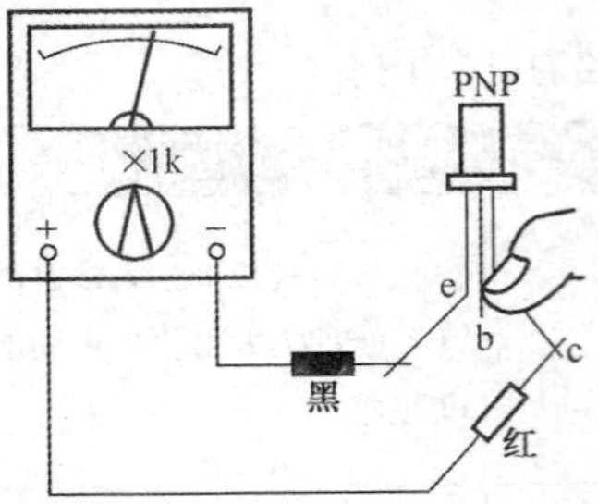

判断三极管电流放大能力β

| | 测量法 | 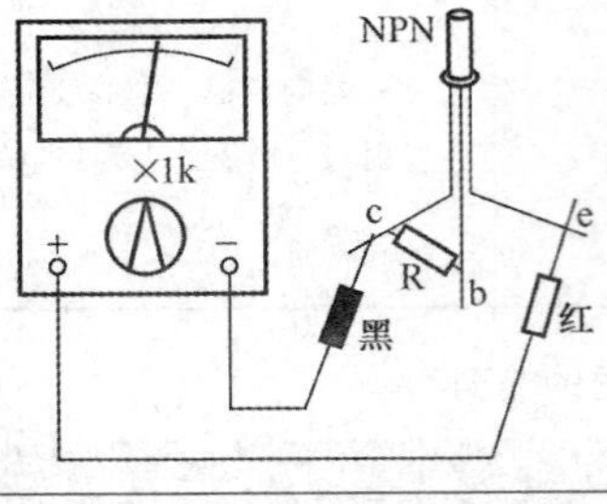 | 将万用表的挡位开关置于×1k挡。先将红、黑表笔按左图所示电路进行接触，然后将电阻R接入电路。此时，万用表指针应向右偏转，偏转的角度越大，说明被测管的放大系数β越大。如果接入电阻R以后指针向右偏转角度不大或根本就停止在原位不动，则表明管子的放大能力很差或已经被损坏。电阻R也可以利用人体电阻代替，即用手捏住c、b两个引脚（c、b间不能短接）来代替 |

直观判断法

有些型号的中、小功率三极管，生产厂家在其管壳顶部用不同色点来表明管子的放大系数β，其颜色和β的对应关系如下表所示

色点	棕	红	橙	黄	绿	蓝	紫	灰	白	黑
β	17	17～27	27～40	40～77	77～80	80～120	120～180	180～270	270～400	>400

3. 大功率三极管的检测

利用万用表检测中、小功率三极管的极性、管型及性能的方法对大功率三极管基本适用，因为其金属外壳为已知（集电极），所以其检测方法较为简单。需要指出的是，由于大功率三极管的体积大，极间电阻相对较小，所以若像检测小功率三极管极间正向电阻那样，使用万用表的×1k 挡，必然使得指针趋向于零，这种情况与极间短路一样，会使检测者难以判断。为了防止误判，在检测大功率三极管的 PN 结的正向电阻时，应使用×1 挡。同时，检测前万用表应调零。

4. 三极管的质量检测

在正常情况下，三极管的 be 结、bc 结的正向电阻小，反向电阻大。若测得正、反向电阻为无穷大，则说明管子内部已断路；若测得正、反向电阻为零，则说明管子内部已短路，管子已损坏。

任务三　其他元器件的识读与检测

一、集成电路的识读与检测

1. 集成电路的识读

集成电路在电路图中一般用 IC 表示。集成电路的识读包括集成电路引脚的识读和集成电路作用的认识，这里仅学习集成电路引脚的识读方法。

（1）双列直插式封装集成电路引脚的识读方法。集成电路引脚朝下，以凹口或色点等标记为参考点，其引脚编号按逆时针方向排序，如图 2-20 所示。

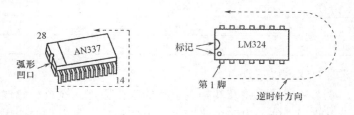

图 2-20　双列直插式封装集成电路的引脚排序

（2）单列直插式封装集成电路引脚的识读方法。单列直插式封装的形式很多，如图 2-21 所示。识别其引脚时，应使引脚向下，面对型号或定位标记，自定位标记一侧的头一个引脚开始数起，依次为 1、2、3……脚。这一类集成电路上常用的定位标记为色点、凹坑、色带、缺角、线条等。

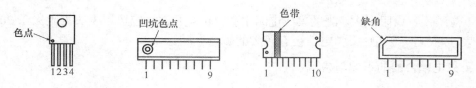

图 2-21　单列直插式封装集成电路的引脚排序

（3）圆形金属外壳封装集成电路引脚的识读方法。圆形金属外壳封装集成电路的引脚排序如图 2-22 所示。其排序方法为：将引脚朝上，从管键开始，顺时针排序。

2. 集成电路的检测

由于集成电路内部结构相当复杂，其检测一般要借助参考资料。表 2-6 列出了某集成电路的检测信息。

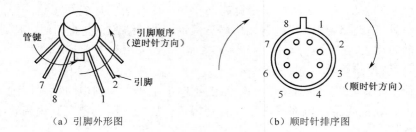

（a）引脚外形图　　　　　　　　（b）顺时针排序图

图 2-22　圆形金属外壳封装集成电路的引脚排序

表 2-6　某集成电路的检测信息

引　脚	直 流 电 压（V）			对 地 电 阻（kΩ）	
	待　机	有　信　号	无　信　号	红表笔接地	黑表笔接地
1	6.4	7.0	7.0	6.5	9.0
2	14	14	14	∞	4.5
3	6.5	7.0	7.0	8.5	9.0
4	5.0	5.3	5.3	10	11.5
5	5.0	5.3	5.3	10	11
6	6.2	6.7	6.7	10	10
7	8.0	0.16	8.0	11	10.0
8	0	0	0	0	0

检测集成电路时要注意以下几点。

（1）检测前，要了解集成电路及其相关电路的工作原理。检查和修理集成电路前，首先要熟悉所用集成电路的功能、内部电路、主要电气参数、各引脚的作用、引脚的正常电压和波形、与外围元器件组成电路的工作原理。如果具备以上条件，那么分析和检查会容易许多。

（2）检测不要造成引脚间短路。电压测量或用示波器探头测试波形时，表笔或探头不要由于滑动而造成集成电路引脚间短路，最好在与引脚直接连通的外围印制电路上进行测量。任何瞬间的短路都容易损坏集成电路，在检测扁平型封装的 CMOS 集成电路时更要加倍小心。

（3）检测仪表内阻要大。测量集成电路引脚直流电压时，应选用表头内阻大于 20kΩ/V 的万用表，否则，对某些引脚电压会有较大的测量误差。

二、光电耦合器的识读与检测

1. 光电耦合器的识读

光电耦合器属于集成电路的一种，其作用是以光为媒介传输电信号，一般也用 IC 表示。常用的光电耦合器有 4 引脚、8 引脚和 16 引脚。光电耦合器采用双列排列，其引脚排列顺序和双列集成电路排列顺序一样，如图 2-23 所示。光电耦合器引脚朝下，以凹口或色点等标记为参考点，其引脚编号按逆时针方向排序。4 引脚光电耦合器的内部结构如图 2-24 所示。

2. 光电耦合器的检测

由图 2-24 可知，当光电耦合器 1、2 两脚不加电压时，发光二极管不发光，4、3 两脚呈现很高阻值；当光电耦合器 1、2 两脚加上一定电压时，发光二极管导通发光，光电耦合器导通，4、3 两脚呈现较低阻值。光电耦合器的检测电路如图 2-25 所示。

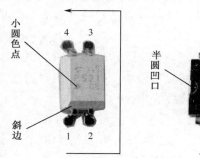

图 2-23 光电耦合器的引脚排序

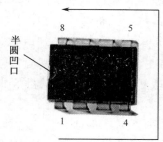
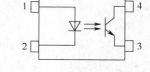

图 2-24 4 引脚光电耦合器的内部结构

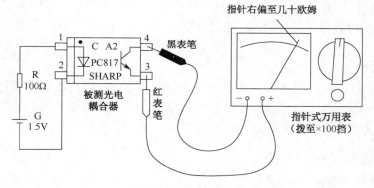

图 2-25 光电耦合器的检测电路

三、电声器件的识读与检测

1. 电声器件的识读

常见的电声器件有扬声器、耳机、话筒等，如图 2-26 所示。

（a）扬声器 （b）耳机 （c）话筒

图 2-26 电声器件

2. 电声器件的检测

1) 扬声器的检测

（1）判断极性。就一个扬声器而言，其两个引线无极性之分，但在安装组合音响时，扬声器的极性是不能接反的。判断方法可用视听法。将两个扬声器的两个引线并联起来，接在功放输出端输入电信号，同时发出声音。将两个扬声器口对口接近，如果声音越来越小，则说明扬声器反极性并联，即一个扬声器的正极与另一个扬声器的负极并联。也可以用万用表最小直流电流挡测量。将指针式万用表的挡位开关置于 0.05mA 电流挡，两个表笔接在扬声器两个焊片上，用手指快速弹一下扬声器纸盆，同时观察指针摆动方向。若指针向右摆动，则说明红表笔接的为正极，反之为负极。

（2）质量检测。将万用表的挡位开关置于×1 挡测两极间电阻，正常时比标注的电阻要小。例如，8Ω 的扬声器测量得到的电阻在 7Ω 左右。若测得阻值较小，则说明扬声器线圈存在匝间短路；若阻值为无穷大，则说明线圈内部断路或接线脱焊。

2) 耳机的检测

耳机的检测方法与扬声器的检测方法类似。但对于双声道耳机，插头上有 3 个引出端，前端和中间端为左、右声道引出端，后端为公共端。检测时，将万用表的挡位开关置于×1 挡，把一个表笔接公共端，另一个表笔分别接触另外两个输出端，相应的左、右声道耳机发出"喀喀"声，万用表指针也相应摆动，而且两个声道的阻值对称。若测量时耳机无声，万用表指针也不偏转，则说明相应的耳机内部断路；若指针指示零位，则说明耳机短路。

3) 话筒的检测

以驻极体话筒为例，用万用表红表笔接话筒芯线或信号输出点，黑表笔接引线的金属外壳，测得阻值为 500～3000kΩ。若阻值为无穷大，则说明内部开路；若接近零，则说明内部短路；若比正常值小或大得多，说明性能变差或已经损坏。

四、显示器件的识读与检测

1. 显示器件的识读

常见的显示器件除发光二极管外，主要有 LED 数码管、LED 矩阵显示屏、液晶显示屏等，如图 2-27 所示。

（a）LED 数码管　　　　　（b）LED 矩阵显示屏　　　　　（c）液晶显示屏

图 2-27　常见显示器件

2．显示器件的检测

这里仅简要介绍数码管的检测方法。数码管分共阴极和共阳极，数码管的上下各 5 个引脚，一般来说，中间的引脚为公共端。

对数码管进行检测时，最好使用数字式万用表，将万用表的挡位开关置于二极管挡。先假设数码管是共阳极的，将万用表的黑表笔接公共端，用红表笔逐个触碰数码管的各段。若数码管各段被逐个点亮，则说明假设正确；若数码管各段均不亮，则将红、黑表笔交换再进行检测，如果被点亮，则说明是共阴极数码管；若数码管只有部分段点亮，而另一部分不亮，则说明数码管损坏。

2.2　项目基本知识

知识点一　电阻、电容、电感的基本知识

一、电阻的主要参数、种类和作用

电阻器是在电路中限制电流或将电能转化为热能等的电子元件，在日常生活中一般直接称为电阻。电阻是一个限流元件，它可限制通过它所连支路的电流大小，一般有两个引脚。将电阻接到电路中后，电阻的阻值是固定的。阻值不能改变的电阻称为固定电阻，阻值可变的称为电位器或可变电阻。理想的电阻是线性的，即通过电阻的瞬时电流与外加瞬时电压成正比。

1．电阻的外形及符号

部分电阻的外形及符号如图 2-28 所示。

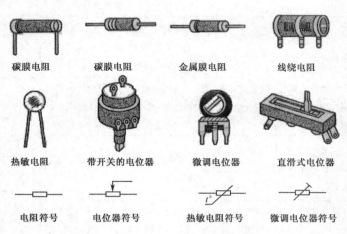

图 2-28　部分电阻的外形及符号

2．电阻的主要参数

（1）标称阻值。电阻上所标示的名义阻值称为标称阻值。常用的标称阻值有 E6、E12、E24 系列，如表 2-7 所示。

表 2-7　常用电阻的标称阻值系列

系　列	误　差	电阻的标称阻值系列
E24	Ⅰ 级±5%	1.0、1.1、1.2、1.3、1.5、1.6、1.8、2.0、2.2、2.4、2.7、3.0、3.3、3.6、3.9、4.3、4.7、5.1、5.6、6.2、6.8、7.5、8.2、9.1
E12	Ⅱ 级±10%	1.0、1.2、1.5、1.8、2.2、2.7、3.3、3.9、4.7、5.6、6.8、8.2
E6	Ⅲ 级±20%	1.0、1.5、2.2、3.3、4.7、6.8

（2）额定功率。额定功率是指在规定的环境温度下，电阻所允许消耗的最大功率。它是电阻的一个重要参数。各种额定功率的电阻在电路图中采用不同的符号表示，如图 2-29 所示。

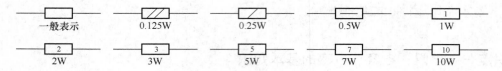

图 2-29　电阻的额定功率符号表示

3. 常见电阻的材料、结构和特点

表 2-8 是常见不同材料电阻的结构及特点。

表 2-8　常见不同材料电阻的结构及特点

名　称	结　构	特　点	实　物
线绕电阻	用高阻合金线绕在绝缘骨架上制成，外面涂有耐热的釉绝缘层或绝缘漆	较小的温度系数，阻值精度高，稳定性好，耐热且耐腐蚀，主要作为精密大功率电阻使用。缺点是高频性能差、时间常数大	
碳膜电阻	在瓷管上镀上一层碳而成，或将结晶碳沉积在陶瓷棒骨架上制成	成本低，性能稳定，阻值范围宽，温度系数和电压系数小，是目前应用最广泛的电阻	
金属膜电阻	在瓷管上镀上一层金属而成，或用真空蒸发的方法将合金材料蒸镀于陶瓷棒骨架表面	金属膜电阻比碳膜电阻的精度高，稳定性好，噪声、温度系数小。在仪器仪表及通信设备中大量采用	
金属氧化膜电阻器	在瓷管上镀上一层氧化锡而成，或在绝缘棒上沉积一层金属氧化物	热稳定性能好，耐热冲击，负载能力强	
水泥电阻	将电阻线绕在无碱性耐热瓷件上，外面加上耐热、耐湿及耐腐蚀的材料保护固定并把绕线电阻体放入方形瓷框，用特殊不燃性耐热水泥充填密封而成	具有耐震、耐湿、耐热、散热良好、价格低等特性；完全绝缘，适用于印制电路板；瓷棒上绕线然后接头电焊，制出精确电阻值及延长寿命；防爆性能好等	7W1KJ

4．常见的特殊电阻

随着电子技术和传感技术的发展，一些特殊的电阻得到了广泛的应用，表 2-9 列出了一些常见的特殊电阻。

表 2-9　常见的特殊电阻

名　称	特　点	图　片
保险电阻	在正常情况下起着电阻和熔丝的双重作用。当电路出现故障而使其功率超过额定功率时，它会像熔丝一样熔断，使连接电路断开，起保护作用	
敏感电阻	其电阻值对于某种物理量（如温度、湿度、光照、电压、机械力及气体浓度等）具有敏感特性，当这些物理量发生变化时，敏感电阻的阻值就会随物理量变化而发生改变，呈现不同的电阻值	光敏电阻　压敏电阻

5．电阻的作用

电阻的功能很多，有限流、分流、分压及将电能转化为热能等作用，如表 2-10 所示。

表 2-10　电阻的作用

作　用	工 作 原 理	图 示 说 明
限流	为使通过用电器的电流不超过额定值或实际工作需要的规定值，以保证用电器的正常工作，通常可在电路中串联一个可变电阻。当改变这个电阻的大小时，电流的大小也随之改变。我们把这种可以限制电流大小的电阻叫作限流电阻	限流电阻　VD　R_L　稳压电路
分流	当在电路的干路上需同时接入几个额定电流不同的用电器时，可以在额定电流较小的用电器两端并联接入一个电阻，这个电阻的作用是分流	分流电阻　微安表改装电流表
分压	一般用电器上都标有额定电压，若电源比用电器的额定电压高，则不可把用电器直接接在电源上。在这种情况下，可给用电器串接一个合适阻值的电阻，让它分担一部分电压，用电器便能在额定电压下工作了。我们称这样的电阻为分压电阻	分压电阻　微安表改装电压表
将电能转化为热能	电流通过电阻时，会把电能全部（或部分）转化为热能。用来把电能转化为热能的用电器叫电热器，如电加热器、电烙铁、电炉、电饭煲、取暖器等	电加热器加热部件

二、电容的主要参数、分类和作用

1. 电容的外形及符号

电容器俗称电容，是一种储能元件，能把电能转化为电场能储存起来，其主要功能是通交流、隔直流、滤波及谐振，在电路中用 C 表示。常见电容的外形如图 2-30 所示。电容的符号如图 2-31 所示。

2. 电容的主要参数

（1）标称容量。电容储存电荷的能力叫电容量，简称容量。电容外壳上标出的容量值称为电容的标称容量。常用的标称容量系列是 E6、E12、E24，其设置方式同表 2-7 所示的常用电阻的标称阻值系列。

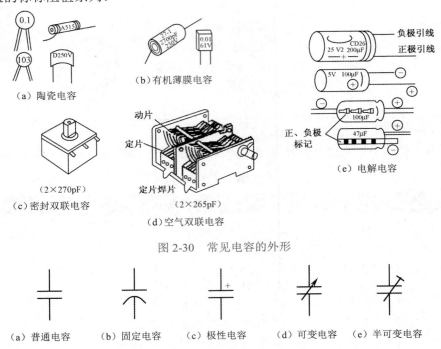

（a）陶瓷电容　　（b）有机薄膜电容

（c）密封双联电容　　（d）空气双联电容　　（e）电解电容

图 2-30　常见电容的外形

（a）普通电容　（b）固定电容　（c）极性电容　（d）可变电容　（e）半可变电容

图 2-31　电容的符号

（2）额定电压。额定电压是指在规定的温度范围内，电容在介质绝缘良好的前提下能够承受的最高电压值。这是一个主要参数，如果电容的工作电压大于额定电压，则电容将被击穿。

3. 电容的分类

常见的电容分类方法见表 2-11。

表 2-11　常见的电容分类方法

分类方法	种类
按结构分类	固定电容、可变电容和微调电容
按电解质分类	有机介质电容、无机介质电容、电解电容和空气介质电容
按用途分类	高频旁路电容、低频旁路电容、滤波电容、调谐电容、高频耦合电容、低频耦合电容、小型电容
按制造材料分类	瓷介电容、涤纶电容、电解电容、钽电容、聚苯乙烯电容

4. 电容的作用

电容在电路中的作用很多，表 2-12 列出了电容较常见的作用。

表 2-12 电容的作用

作 用	图 示	说 明
耦合	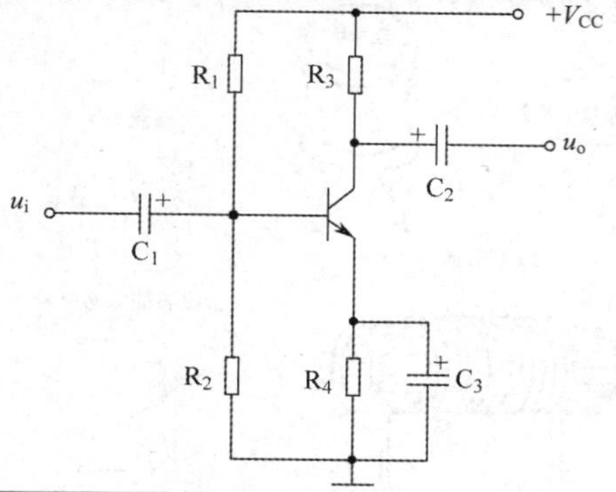	利用电容隔直流、通交流的特点，将交流信号由上一级向下一级传送，电容 C_1、C_2 起耦合作用
旁路		利用电容隔直流、通交流的特点，将交流信号对地短路，C_3 起旁路作用，相当于在电阻 R_4 旁边开了一条通路
去耦	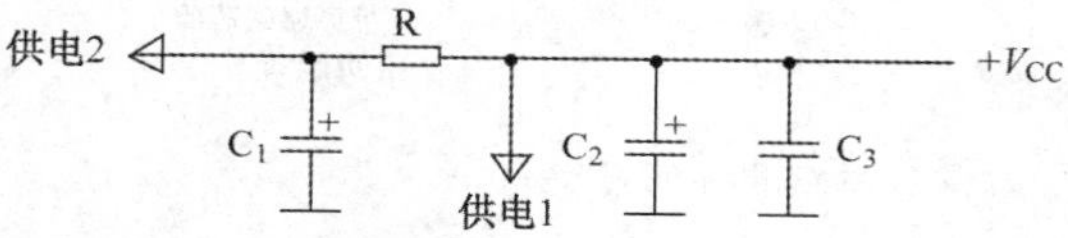	去耦电路又称退耦电路，其作用是去掉电源电路的有害耦合。C_1、C_2、C_3 组成去耦电路，其中 C_3 主要是滤除高频信号
滤波	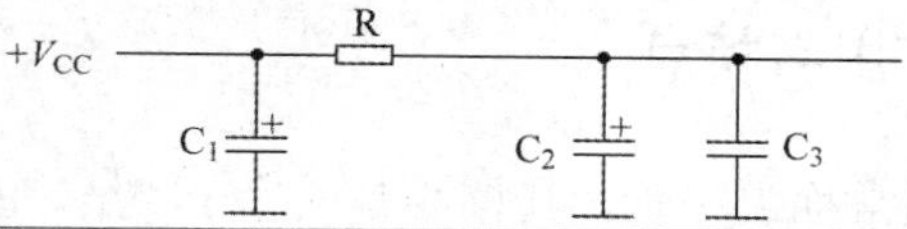	利用电容隔直流、通交流的特点，将电源中的交流成分滤除，将脉动直流电变成稳恒直流电
选频	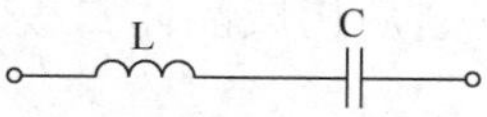 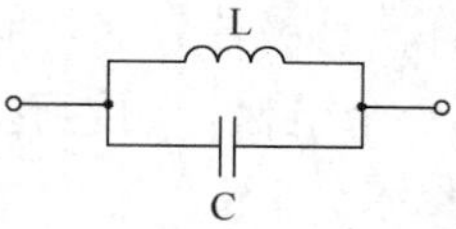	将电容和电感串联或并联，可以组成选频电路

三、电感的主要参数、分类和作用

1. 电感的外形及符号

电感器俗称电感或电感线图，用 L 表示。常见电感的外形及符号如图 2-32 所示。

2. 电感的主要参数

（1）品质因数。品质因数是指电感线圈在某一频率的交流电压下工作时所呈现的感抗与电感线圈的总损耗电阻的比值，用 Q 表示。Q 越大，表明电感线圈的功率损耗越小，效率越高，反之则相反。

（2）标称电流。标称电流是指电感线圈允许通过的额定电流（mA），常用 A、B、C、D、E 来分别表示 50mA、150mA、300mA、700mA、1600mA。实际应用时，通过电感的电流不能超过标称电流。

3. 电感的分类

电感按形式可分为固定电感、可调电感，按导磁体性质可分为空心线圈、铁氧体线圈、铁芯线圈、铜芯线圈，按工作性质可分为天线线圈、振荡线圈、扼流线圈、陷波线圈、偏转线圈，按线绕结构分为为单层线圈、多层线圈、蜂房式线圈。

4. 电感的作用

电感在电路中起阻流、变压和传送信号的作用。电感的应用范围很广，在调谐、振荡、耦合、匹配、滤波、陷波、延迟、补偿、偏转、聚焦等电路中是必不可少的。具有自感作用的电感通常称为电感线圈，具有互感作用的电感通常称为变压器。

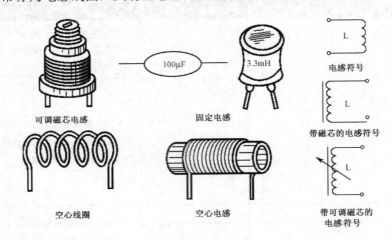

图 2-32   常见电感的外形及符号

知识点二   晶体二极管的种类、作用与特点

晶体二极管又称半导体二极管，通常称二极管，其核心是一个 PN 结。PN 结的特点是单向导电性，即当二极管加正向电压时，二极管导通；加反向电压时，二极管截止。将 PN 结的 P 型半导体和 N 型半导体各引出一个电极，用管壳封装后构成晶体二极管。

晶体二极管的种类、作用与特点见表 2-13。

表 2-13   晶体二极管的种类、作用与特点

种 类	符 号	作 用	主要参数及工作特点
普通二极管	⎯▷⎮⎯	① 检波：从输入信号中解调出调制信号。② 整流：利用二极管的单向导电性，将交流电变为脉动直流电。③ 限幅：限制信号幅度不超过规定值。④ 作为开关用：利用二极管的单向导电性起开关作用，开关速度很快	主要参数：① 最大整流电流指整流二极管长时间工作所允许通过的最大电流值；② 最高反向工作电压指整流二极管两端的反向电压不能超过规定的电压所允许的值，如超过这个允许值，整流管可能击穿；③ 最大反向电流指整流二极管在最高反向工作电压下工作时，允许通过整流管的反向电流，反向电流越小，说明整流二极管的单向导电性能越好 工作特点：工作于正偏状态
发光二极管	⎯▷⎮⎯	当给发光二极管加上合适的正向工作电压时，发光二极管会发光。不同材料制成的发光二极管，能发出不同颜色的光。有发绿色光的磷化镓发光二极管，有发红色光的磷砷化镓发光二极管，有发红外光的砷化镓二极管，有双向变色发光二极管（加正向电压时发红色光，加反向电压时发绿色光），还有三颜色变色发光二极管等	

种　类	符　号	作　用	主要参数及工作特点
稳压二极管	 ⊣◁⊢	是用硅材料制成的特殊二极管。在外加电压合适、流过稳压管的电流合适时，稳压二极管两端的电压几乎不改变，起稳压作用	主要参数：① 稳定电压指稳压管中的电流为规定电流时，稳压管两端的电压值；② 稳压电流指稳压管在稳压范围内流过管子的电流 工作特点：工作于反向击穿状态
光电二极管	 ⊣◁⊢	又称为光敏二极管，作用是把光信号转变为电信号。当不同亮度的光照射时，流过二极管的电流有很大差别	工作特点：工作于反偏状态
变容二极管	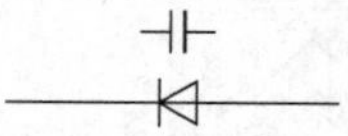 ⊣⊦⊣◁⊢	是利用 PN 结空间电荷具有电容特性的原理制成的特殊二极管。二极管所呈现的电容的大小与所加的反向电压有关，电容为 5～300pF，常作为调谐电容使用	

二极管的参数请查阅电子教材或相关知识的网页。

知识点三　晶体三极管的分类与作用

晶体三极管又称半导体三极管，通常称三极管，它是由两个相距很近的 PN 结组成的，用 VT 表示。它有 3 个电极，分别称为发射极、基极和集电极，分别用字母 e、b、c 表示，也可用大写字母 E、B、C 表示。三极管按结构可分为 NPN 型和 PNP 型两种，符号如图 2-33 所示。

一、三极管的分类

三极管按结构可分为 NPN 型和 PNP 型，按材料可分为锗晶体三极管和硅晶体三极管，按工作频率可分为高频管和低频管，按功率可分为大功率管、中功率管和小功率管。

二、晶体三极管的作用

1．电流放大作用

三极管的工作区域分为 3 个部分：截止区、放大区和饱和区。三极管要处于放大状态必须工作在放大区。

以 NPN 型三极管构成的放大电路为例来说明三极管的电流放大作用。如图 2-34 所示，当基极电压 U_B 有一个微小的变化时，基极电流 I_B 也会随之有一个小的变化，受基极电流 I_B 的控制，集电极电流 I_C 会有一个很大的变化，基极电流 I_B 越大，集电极电流 I_C 也越大，反之，基极电流越小，集电极电流也越小，即基极电流控制集电极电流的变化。但是，集电极电流的变化比基极电流的变化大得多，这就是三极管的电流放大作用。I_C 变化量与 I_B 变化量之比叫作三极管的电流放大系数 β（$\beta=\Delta I_C/\Delta I_B$，$\Delta$ 表示变化量）。三极管的电流放大系数 β 一般在几十到几百之间。

三极管的电流放大作用主要应用在模拟电路中。

2. 开关作用

当三极管工作在饱和区时，集电极和发射极之间相当于开关的闭合；当三极管工作在截止区时，集电极和发射极之间的电阻很大，相当于开关的断开。当三极管工作在开关状态时，三极管的工作区域是在饱和区和截止区之间转换，放大区仅是一个很快的过渡过程。

三极管的开关作用主要应用在数字电路中。

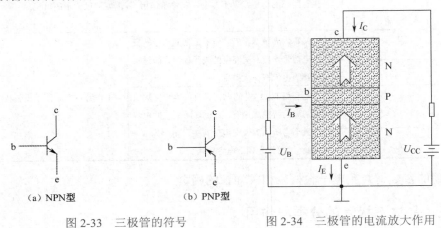

（a）NPN型	（b）PNP型
图 2-33　三极管的符号	图 2-34　三极管的电流放大作用

知识点四　集成电路及其分类

一、什么是集成电路

集成电路是一种微型电子器件或部件。集成电路就是采用一定的工艺，把一个电路中所需的三极管、二极管、电阻、电容和电感等元器件及布线制作在一小块或几小块半导体晶片或介质基片上，然后封装在一个管壳内，成为具有所需电路功能的微型结构；其中，所有元器件在结构上已组成一个整体，这样，整个电路的体积大大缩小，且引出线和焊接点的数目也大为减少，从而使电子元器件向着微小型化、低功耗和高可靠性方面迈进了一大步。集成电路具有体积小、重量轻、引出线和焊接点少、寿命长、可靠性高、性能好等优点，同时成本低，便于大规模生产。

二、集成电路的分类

按照不同的分类方法，集成电路可分为不同的类型。常用的分类方法有以下几种。

（1）按功能结构的不同分类，集成电路可分为模拟集成电路和数字集成电路两大类。模拟集成电路用来产生、放大和处理各种模拟信号（指幅度随时间连续变化的信号），如半导体收音机的音频信号、录放机的磁带信号等；而数字集成电路用来产生、放大和处理各种数字信号（指在时间上和幅度上离散取值的信号），如 VCD、DVD 重放的音频信号和视频信号。

（2）按制作工艺分类，集成电路可分为半导体集成电路和膜集成电路。膜集成电路又分为厚膜集成电路和薄膜集成电路。

（3）按集成度高低分类，集成电路可分为小规模集成电路、中规模集成电路、大规模集成电路、超大规模集成电路。小规模集成电路通常指含逻辑门数小于 10 门（或含元器件数小于 100 个）的电路，中规模集成电路通常指含逻辑门数为 10 门至 99 门（或含元器件数为 100 个至 999 个）的电路，大规模集成电路通常指含逻辑门数为 100 门至 9999 门（或含元器件数为 1000 个至 99999 个）的电路，超大规模集成电路通常指含逻辑门数大于10000 门（或含元器件数大于 100000 个）的电路。

知识点五　光电耦合器的作用与结构

　　光电耦合器是以光为媒介传输电信号的一种电—光—电转换器件。它由发光源和受光器两个部分组成，把发光源和受光器组装在同一个密闭的壳体内，彼此间用透明绝缘体隔离。光电耦合器的初级和次级具有很好的隔离作用。

　　光电耦合器的工作原理：发光源的引脚为输入端，受光器的引脚为输出端，常见的发光源为发光二极管，当受光器为光敏二极管、光敏三极管时，在光电耦合器输入端加电信号使发光源发光，光的强度取决于激励电流的大小，此光照射到封装在一起的受光器上后，因光电效应而产生了光电流，由受光器输出端引出，这样就可以实现电—光—电的转换。

　　常见的光电耦合器的外观与内部结构如图 2-35 所示。而并非所有外观相同的光电耦合器其内部结构都一样。图 2-36 是一个双列 6 引脚光电耦合器的外观，图 2-37 是其内部结构，由于型号不同而内部结构和作用完全不同。

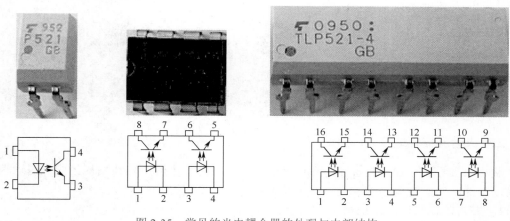

图 2-35　常见的光电耦合器的外观与内部结构

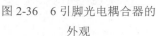

图 2-36　6 引脚光电耦合器的
　　　　　外观

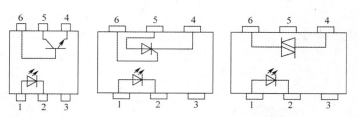

图 2-37　6 引脚光电耦合器的内部结构

2.3 项目知识拓展

知识拓展一 贴片元器件的基本知识

贴片元器件又称片状元器件，是无引线或短引线的新型微小型元器件。现在，几乎全部的传统电子元器件都已经被片状化了，可以直接被安装在印制电路板上，是表面组装技术的专用元器件。目前，贴片元器件被广泛应用于计算机、移动通信设备和音频设备中。拆开手机、彩电等的高频头，其内部均为密密麻麻的贴片元器件。由此可见，电子微型化已是大势所趋，因此识读和检测贴片元器件是十分必要的。随着电子技术的发展，电子设备向小型化、节能化方向发展，这主要得益于贴片元器件的发展。

一、贴片元器件的认识

常用的贴片元器件如图 2-38 所示。贴片电阻的标注常用数码表示法和文字符号法。没有标识的小封装电容没办法识读，只有依靠测量来获取其容量。贴片二极管和贴片三极管由厂家用特殊符号来代替型号，相关知识请自行查阅资料。

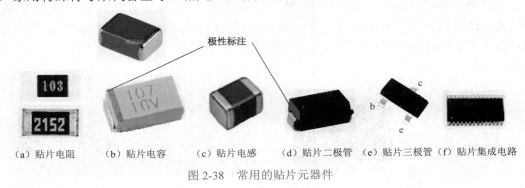

（a）贴片电阻　（b）贴片电容　（c）贴片电感　（d）贴片二极管　（e）贴片三极管　（f）贴片集成电路

图 2-38　常用的贴片元器件

二、贴片元器件的极性识别

贴片二极管、贴片三极管、贴片铝电解电容、贴片钽电解电容和贴片集成电路均为有极性元器件，其极性识别的准确性对产品使用有着致命的影响。

1. 贴片二极管的极性识别

贴片二极管有标识的一端为二极管的负极。二极管为圆柱形玻璃管贴片封装的，黑色标识一端为负极，如图 2-39（a）所示；二极管为片式发光二极管封装的，一般在其表面用黑点或其他醒目颜色作为负极标记，如图 2-39（b）所示；二极管为片状二极管封装的，有白色横线的一端为负极，如图 2-39（c）所示。也有的在贴片二极管正面用正三角形作为记号，则正三角形所指的方向为负极，如图 2-39（d）所示。

（a）　　　　（b）　　　　（c）　　　　（d）

图 2-39　贴片二极管的极性标识

2．贴片电解电容的极性识别

贴片钽电解电容标有横杠的一端为正极或地盘（金属）上有缺口的那端为正极，如图 2-40（a）、（b）所示；贴片圆形铝电解电容标有横杠的一端为负极，如图 2-40（c）所示。

（a）　　　　　　　　（b）　　　　　　　　（c）

图 2-40　贴片电解电容的极性标识

3．贴片三极管的极性识别

贴片三极管的引脚位一般是固定的，不像插件的有 bce 和 ebc 之分，贴片的全部是 bce，其三角形尖向上，最左边的为 b 极，上边为 c 极，右边为 e 极，如图 2-38 所示。

4．贴片集成电路的极性识别

贴片集成电路一般在其表面的一个角标注一个向下凹的小圆点或在一端标示小缺口表示起点，其引脚排列为逆时针方向。

三、贴片元器件的测量

贴片元器件的测量与传统元器件的测量基本一致。需要说明的是，大多贴片电容由于电容量太小，用万用表测不出来，应该用电容测试仪来进行测量。

四、使用贴片元器件的注意事项

（1）要根据系统和电路的要求选择贴片元器件，并综合考虑供应商所能提供的规格、性能和价格等因素。例如，钽和铝电解电容主要用于电容量大的场合，散装贴片元器件用于手工贴装场合，盒式包装的适合夹具式贴片机使用，编带包装的适合全自动贴片机使用。

（2）从厂家购买的贴片元器件库存时间一般应不超过两年；对具有防潮要求的贴片元器件，打开封装后应一周内使用完毕。

（3）操作人员拿取有极性的贴片元器件时应戴好防静电腕带；在运输、分料、检验、手工贴装等操作时尽量使用吸笔拿取；使用镊子时要注意不要碰伤贴片元器件的引脚，以防引脚翘曲变形。

（4）小封装的贴片电容由于没有标出容量，所以要随取随焊，防止不同容量的电容混在一起。

知识拓展二　用数字万用表检测元器件的方法

一、用数字万用表测量电阻

数字万用表的电阻挡一般有 200Ω、2kΩ、20kΩ、200kΩ、20MΩ、200MΩ 等挡位。需

要注意的是，这些挡位对应的数值表示的是选用该挡位时可以测量的电阻的最大值（量程），如果所测电阻的阻值超过了该量程，万用表读数显示为"1"。

用数字万用表测量标称值为 1kΩ 的电阻的过程如下。

（1）将红表笔插入"VΩHz"插孔，黑表笔插入"COM"插孔。

（2）打开万用表的电源开关。

（3）将万用表量程开关打到 2kΩ 挡。

（4）将待测电阻接入两个表笔之间。

（5）万用表读数为 1.002kΩ，如图 2-41 所示。

（6）关闭电源开关。

二、用数字万用表测量电容

用数字万用表可以测量电容容量。数字万用表测量电容容量的挡位一般有 200pF、2nF、20nF、200nF、2μF、20μF、200μF，有的数字万用表还有 2000μF，如图 2-42（a）所示。这些挡位对应的数值也表示选用该挡位时所能测量范围的最大值。

用数字万用表测量标称值为 22μF 的电容的过程如下。

（1）打开电源开关。

（2）选择量程为 200μF 挡。

（3）将待测电容的两个引脚短接，对电容进行放电（否则易损坏万用表）。

（4）将电容的两个引脚插入数字万用表的电容插孔（电容有极性时要注意极性正确），万用表读数为 18.14μF，如图 2-42（a）所示。

（5）关闭电源开关。

注意：用数字万用表测量电容容量时一般存在系统误差，系统误差因表而异，要注意所用表的系统误差。用数字电容表测量该标称值为 22μF 的电容容量为 22.6μF，如图 2-42（b）所示。

（a）数字万用表测量　　（b）数字电容表测量

图 2-41　用数字万用表测量 1kΩ 的电阻　　　图 2-42　电容容量的测量

三、用数字万用表测量二极管

用数字万用表测量二极管时，需要将量程开关打到二极管挡，这时所显示的数值是二极管 PN 结的正向压降，而不是阻值。

图 2-43 是用数字万用表测量某二极管时所显示的数值。图 2-43（a）显示的是二极管

的正向压降为 0.519V，此时与万用表红表笔相连接的引脚是二极管的正极，与黑表笔相连接的引脚是二极管的负极。图 2-43（b）显示数字为"1"（超出了万用表的量程），表明此时给二极管所加的电压为反偏电压（与万用表红表笔相连接的引脚是二极管的负极，与黑表笔相连接的引脚是二极管的正极），或者二极管内部已断路。

如果所测二极管的正、反向压降都显示"1"，则说明二极管已断路；如果所测二极管的正、反向压降都很小，则说明二极管已击穿，此时伴有蜂鸣器的响声。

注意：和指针式万用表不同，数字万用表红表笔连接的是万用表内电源的正极，黑表笔连接的是万用表内电源的负极。

（a）正向数值　　　　　　　　　（b）反向数值

图 2-43　用数字万用表测量二极管

四、用数字万用表检测三极管

1．用数字万用表判断三极管的材料、类型和引脚

用数字万用表判断三极管的材料、类型和引脚的方法比较简单，其过程如下。

（1）打开万用表的电源开关，并将量程开关打到二极管挡。

（2）用万用表的一个表笔接假定的三极管的基极，另一个表笔接另外两极，如果两次显示的读数都不是"1"，则说明假设正确，并记下两次读数。

（3）用步骤（2）找到基极时，首先判断三极管的类型：如果基极接的是红表笔，则说明三极管的类型是 NPN 型；相反，如果基极接的是黑表笔，则说明三极管的类型是 PNP 型。其次可以判断三极管的材料：如果此时的读数是 0.6V 左右，则说明三极管的材料是硅材料；如果此时的读数是 0.3V 左右，则说明三极管的材料是锗材料。最后判断三极管的集电极和发射极：比较两次读数的大小，读数小的（基极所接的表笔除外），则另一个表笔接的是集电极；读数大的（基极所接的表笔除外），则另一个表笔接的是发射极。

图 2-44 是用数字万用表判断三极管的过程。红表笔接三极管的中间电极，黑表笔接另外两个电极，读数均为 0.6V 左右，可以判断三极管的类型是 NPN 型，材料是硅材料，中间电极为基极。然后比较两次读数的大小。图 2-44（a）中黑表笔接右边电极时显示的数值是 0.639V，数值小于图 2-44（b）中黑表笔接左边电极时的数值 0.642V，所以判断出图 2-44（a）中黑表笔所接的电极为集电极，图 2-44（b）中黑表笔所接的电极为发射极。

（a）　　　　　　　　　　　　（b）

图 2-44　用数字万用表判断三极管

2. 用数字万用表测量三极管的放大系数（h_{FE}）

数字万用表一般都有测量三极管放大系数的挡位，使用时先确认三极管的类型，然后将被测三极管的 e、b、c 3 个引脚分别插入数字万用表面板上对应的三极管插孔，万用表即显示出 h_{FE} 的近似值，如图 2-45 所示。

用数字万用表测量贴片元器件的方法和插装元器件的方法一样。

关于用万用表检测元器件的方法，在网络上可以搜索到更多的知识，希望读者能更好地吸取网络上有益的知识来武装自己。

图 2-45　用数字万用表测量三极管的放大系数

 项目评估检查

一、思考题

1．怎样确认色环电阻的第一环？

2．电阻、电容、电感的主要参数有哪些？

3．用指针式万用表检测电阻时，为什么要进行电阻挡的调零？不调零对结果有什么影响？

4．用指针式万用表测量某电阻的阻值时，指针几乎没有偏转或偏转角度很小，是否可以确认该电阻已损坏？

5．用万用表如何判断二极管、三极管的极性和性能优劣？

6．如何用指针式万用表、数字万用表判断三极管的类型与 3 个电极？

二、技能训练

（一）电阻的识读与检测训练

1．训练目标

熟悉电阻的识读与质量检测。

2．训练器材

用色标法、文字符号法、数码法、直标法表示的各种电阻若干，万用表一个。

3．训练内容

（1）应用电阻的识读知识得出各电阻的标称阻值和允许误差，并用万用表实测各电阻的阻值，把结果填入表 2-14。

表 2-14　电阻的识读与测量

编　号	外表标志内容	识 读 结 果		万用表实测阻值	备　　注
		标 称 阻 值	允 许 误 差		
1					
2					
3					
4					
5					
⋮					

（2）对给出的各类固定电阻和热敏电阻，由两位同学协作，选择几个电阻用万用表进行检测，并将结果填入表 2-15、表 2-16。

① 固定电阻的检测如表 2-15 所示。

表 2-15　固定电阻的检测

编号	万用表型号	电阻挡量程	调零否	标称值	实测值	误差比例	合　格	不合格
1								
2								
3								

② 热敏电阻的检测如表 2-16 所示。

表 2-16　热敏电阻的检测

编　号	万用表型号	电阻挡量程	正常室温下的阻值	用手捏住加热10s 后的阻值	用其他物理方法加热后的阻值	变化率	是否合格
1							
2							
3							

（二）电容的识读与检测训练

1．训练目标

熟悉电容的识读与质量检测，比较电容容量的大小。

2．训练器材

电解电容、瓷片电容若干，指针式万用表一个。

3．训练内容

（1）应用电容的识读知识得出各电容的标称容量，把结果填入表 2-17。

表 2-17　电容的识读

编　号	外表标志内容	识 读 结 果		备　注
		标　称　容　量	耐　压　值	
1				
2				
3				
4				
5				
⋮				

（2）用纸带把容量大小不一的电解电容标称值遮挡住，并标上编号，然后用指针式万用表测量其漏电阻，同时观察指针的摆动情况，由此判断电解电容的极性和比较其容量的大小，并把结果填入表 2-18。

表 2-18　电容容量的比较和极性的判断

电 容 编 号	漏 电 阻	指针摆动情况	容量由大到小排序	负 极 标 号
1				
2				
3				
4				
5				

（3）进行电容的检测，根据检测情况填写表 2-19。

表 2-19　电容的检测

电 容 类 别	万用表挡位	万用表是否调零	漏 电 阻	测量中遇到的问题	是 否 合 格
陶瓷电容 0.1μF					
纸介电容 1μF					
电解电容 100μF					
电解电容 1000μF					

（三）电感的识读与检测训练

1．训练目标

熟悉电感的识读与质量检测。

2．训练器材

色环电感、普通电感若干，万用表一个。

3．训练内容

（1）应用电感的识读知识得出各电感的标称电感量，把结果填入表 2-20。

表 2-20 电感的识读

编 号	外表标志内容	识 读 结 果		备 注
		标称电感量	允许误差	
1				
2				
3				
4				
5				

（2）进行电感的检测，根据检测情况填写表 2-21。

表 2-21 电感的检测

编 号	电 感 型 号	电 感 量	直流电阻值	是 否 合 格	备 注
1					
2					
3					

（四）二极管和三极管的识读与检测训练

1．训练目标

（1）检测二极管、三极管质量的好坏。

（2）用万用表判断三极管的电极。

2．训练器材

不同类型的二极管 10 个、NPN 型和 PNP 型三极管各 5 个、指针式万用表一个。

3．训练内容

（1）按照二极管和三极管的编号顺序逐个从外表标志判断各引脚名称，将结果填入表 2-22。

（2）用指针式万用表再次逐个检测各个管子的极性，若与上述判断不一致，请分析原因，重新判断或检测，并将最后结果填入表 2-22。

（3）依据检测结果，判断二极管、三极管质量的好坏。

表 2-22　二极管、三极管检测记录表

编　　号	类　型	引 脚 排 列		质量判断	备　　注	编　　号	类　型	引 脚 排 列		质量判断	备　　注
		外表标志判断	检测结果					外表标志判断	检测结果		
1						6					
2						7					
3						8					
4						9					
5						10					

（五）集成电路的识读与检测训练

1．训练目标

（1）识读集成电路的引脚排列顺序。

（2）用万用表测量集成电路的各引脚对地正、反向电阻。

2．训练器材

不同类型的集成电路各一个、指针式万用表一个。

3．训练内容

（1）对配发的集成电路进行直观识读，查阅集成电路手册或上网搜索，找出其应用场合，将结果填入表 2-23。

（2）用万用表测量各引脚对地正、反向电阻。选好万用表挡位，先让红表笔接集成电路的接地引脚，然后将黑表笔从第一个引脚开始，依次测出各引脚相对应的阻值（正阻值）；再让黑笔表接集成电路的同一个接地引脚，用红表笔按以上方法与顺序，测出另一组电阻值（负阻值）。将测得的两组正、负阻值和参考资料比较，初步判断其好坏，将结果填入表 2-23。

表 2-23　集成电路检测记录表

序　号	类　型	型　号	万用表挡位	红表笔接地各引脚阻值（kΩ）	黑表笔接地各引脚阻值（kΩ）	引脚排列方式
IC1	圆形金属外壳封装					
IC2	双列直插封装					
IC3	单列直插封装					

（六）光电耦合器的识读与检测训练

1．训练目标

（1）识读光电耦合器的引脚排列顺序。

（2）用万用表检测光电耦合器。

2．训练器材

光电耦合器一个、指针式万用表和数字式万用表各一个。

3．训练内容

（1）识读光电耦合器的引脚排列顺序。

（2）进行光电耦合器的检测，将检测结果填入表 2-24。

表 2-24 光电耦合器的检测

	3、4 脚悬空	1、2 脚悬空	用数字万用表二极管挡给1、2 脚加正向电压	用数字万用表二极管挡给1、2 脚加反向电压
1、2 脚正向电阻		——	——	——
1、2 脚反向电阻		——	——	——
3、4 脚正向电阻	——			
3、4 脚反向电阻	——			

三、项目评价评分表

1．自我评价、小组互评及教师评价

评价项目	项目评价内容	分值	自我评价	小组互评	教师评价	得分
实操技能	① 电阻的识读与检测	8				
	② 电容的识读与检测	8				
	③ 电感的识读与检测	8				
	④ 二极管的识读与检测	8				
	⑤ 三极管的识读与检测	8				
	⑥ 集成电路的识读与检测	5				
	⑦ 光电耦合器的识读与检测	5				
	⑧ 电声器件、显示器件的识读与检测	5				
理论知识	① 电阻、电容、电感的基本知识	10				
	② 二极管、三极管的基本知识	5				
	③ 贴片元器件的基本知识	5				
	④ 集成电路的基本知识	5				
	⑤ 光电耦合器的基本知识	5				
安全文明生产和职业素质培养	① 出勤、纪律	5				
	② 工具的摆放和维护	5				
	③ 团队协作精神、卫生情况	5				

2．小组学习活动评价表

班级：_____　　小组编号：_____　　成绩：_____

评价项目	评价内容及评价分值			自评	互评	教师评分
分工合作	优秀（12～15分）	良好（9～11分）	继续努力（9分以下）			
	小组成员分工明确，任务分配合理，有小组分工职责明细表	小组成员分工较明确，任务分配较合理，有小组分工职责明细表	小组成员分工不明确，任务分配不合理，无小组分工职责明细表			
获取与项目有关质量、市场、环保等内容的信息	优秀（12～15分）	良好（9～11分）	继续努力（9分以下）			
	能从网络等多种渠道获取信息，并能合理地选择信息、使用信息	能从网络等多种渠道获取信息，并能较合理地选择信息、使用信息	能从网络等多种渠道获取信息，但信息选择不正确，信息使用不恰当			
实际技能操作	优秀（16～20分）	良好（12～15分）	继续努力（12分以下）			
	能按技能目标要求规范地完成每项实操任务	能按技能目标要求较规范地完成每项实操任务	能按技能目标要求完成每项实操任务，但规范性不够			
基本知识分析讨论	优秀（16～20分）	良好（12～15分）	继续努力（12分以下）			
	讨论热烈，各抒己见，概念准确，原理思路清晰，理解透彻，逻辑性强，并有自己的见解	讨论没有间断，各抒己见，分析有理有据，思路基本清晰	讨论能够展开，分析有间断，思路不清晰，理解不透彻			
成果展示	优秀（24～30分）	良好（18～23分）	继续努力（18分以下）			
	能很好地理解项目的任务要求，成果展示逻辑性强，熟练利用信息技术（电子教室网络、互联网、大屏等）进行成果展示	能较好地理解项目的任务要求，成果展示逻辑性较强，能较熟练利用信息技术（电子教室网络、互联网、大屏等）进行成果展示	基本理解项目的任务要求，成果展示停留在书面和口头表达，不能熟练利用信息技术（电子教室网络、互联网、大屏等）进行成果展示			
总分						

项目三

常用材料的识别与加工

项目情境创设

  导线和绝缘材料的加工（包括开线、剥头、焊接、压接、扎线和绝缘处理）在电子产品的加工装配中占有重要位置。实践中发现，出现故障的电子产品中，导线焊接、压接的失效率，往往高于 PCB；绝缘不良不仅造成产品及人身的安全隐患，还直接影响到产品的可靠性。因此，必须熟练掌握绝缘导线和绝缘材料的加工方法与技能。

项目教学目标

项目教学目标		学　时	教　学　方　式
技能目标	① 掌握常用绝缘导线、电缆线的加工方法 ② 掌握线扎的加工方法 ③ 掌握常用绝缘套管、热缩套管的识别方法 ④ 掌握常用绝缘套管、热缩套管的加工使用方法	6	教师演示，学生分组进行导线和绝缘材料的加工训练 重点：掌握导线剥头、浸锡的操作要领和常用材料的识别 教师指导、答疑
知识目标	① 了解常用导线、绝缘材料的类型 ② 熟悉常用导线、绝缘材料的用途 ③ 掌握常用导线、绝缘材料的分类和命名方法 ④ 初步了解导线的选用方法	4	教师讲授、自主探究
情感目标	激发学生对本门课的兴趣，培养专业素养、团队意识		网络查询、小组讨论、相互协作

项目任务分析

  本项目通过对常用导线和绝缘材料的加工训练及相关基本理论知识的学习，使学生掌握绝缘导线、电缆线、线扎、绝缘套管和热缩套管的加工处理方法，了解它们的基本知识和用途，为后续知识的学习及实践操作做好准备。

项目基本功

3.1　项目基本技能

任务一　导线的加工

一、绝缘导线的加工

绝缘导线的加工过程可分为：剪裁→剥头→捻头（对多股线）→浸锡（搪锡）→清洗→印标记等。正确的导线线头加工，可提高安装工作的生产效率，并改善产品焊接质量。

1. 剪裁（俗称开线）

绝缘导线应按先长后短的顺序，按工艺文件导线加工表的规定进行导线的剪裁。剪裁绝缘导线时要拉直再剪。剪线长度应符合设计或工艺文件的要求，允许有 5%～10% 的正误差，不允许出现负误差（一般情况可按表 3-1 选择公差）。绝缘导线的绝缘层不允许损伤，芯线应无锈蚀，绝缘层已损伤或芯线有锈蚀的绝缘导线不能使用。

表 3-1　绝缘导线总长与公差要求的关系

绝缘导线总长（mm）	50	50～100	100～200	200～500	500～1000	1000 以上
公差（mm）	3	5	5～10	10～15	15～20	30

2. 剥头

剥头是把绝缘导线两端各去掉一段绝缘层，而露出芯线的过程。使用剥线钳时要对准所需要的剥头距离，选择与芯线粗细相配的钳口。蜡克线、塑胶线可用电剥头器剥头。剥线时要注意，对单股线（硬线）不应伤及导线，对多股线（软线）及屏蔽线芯线不能出现断（股）线。剥头长度应根据芯线截面积和接线端子的形状来确定。在生产中，剥头长度应符合工艺文件（导线加工表）的要求。无特殊要求时，可按照表 3-2 选择剥头长度，如图 3-2 所示。

表 3-2　芯线截面积与剥头长度的关系

芯线截面积（mm²）	1 以下	1.1～2.5
剥头长度（mm）	8～10	10～14

剥削芯线绝缘的方法主要有单层剥法、分段剥法和斜削法，如图 3-1 所示。

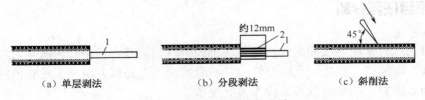

（a）单层剥法　　　　（b）分段剥法　　　　（c）斜削法

图 3-1　剥削芯线绝缘的方法

剥头常用的方法有刃裁法和热裁法两种。

（1）刃裁法可用剪刀、电工刀或专用剥线钳，在大批量生产中多使用自动剥线机。其优点是操作简单易行，只要把导线端头放进钳口并对准剥头距离，握紧钳柄，然后松开，取出导线即可。应选择与芯线粗细相配的钳口，防止出现损伤芯线或拉不断绝缘层的现象。刃裁法易损伤芯线，故对单股导线禁止用刃裁法。

（2）热裁法通常使用热控剥皮器。使用时，将剥皮器预热一段时间，待电阻丝呈暗红色时便可进行裁切。为使切口平齐，应边加热边转动导线，等四周绝缘层均切断后用手边转动边向外拉，即可剥出端头。热裁法的优点是操作简单，不损伤芯线，但加热绝缘层时会放出有害气体，因此要求有通风装置。操作时应注意调节温控器的温度，温度过高易烧焦导线，温度过低则不易切断绝缘层。

3. 捻头

多股芯线经过剥头以后，芯线有松散现象，必须再一次捻紧成螺丝状，以便浸锡及焊接。

捻头的方法是：按多股芯线原来合股的方向扭紧，芯线扭紧后不得松散。捻线角度一般为 30°～45°，如图 3-3 所示。捻线时用力不宜过猛以免芯线被捻断。如果芯线上有油漆层，应将油漆层去掉后再捻头。大批量生产时，可使用捻头机进行捻头。

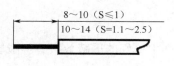　　　　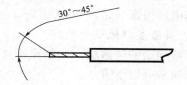

图 3-2　绝缘导线剥头长度　　　　图 3-3　多股芯线的捻线角度

4. 浸锡（又称搪锡或上锡）

浸锡是指对捻紧端头的导线进行浸涂焊料的过程。浸锡可以防止已捻头的芯线散开及氧化，并可提高导线的可焊性，减少虚焊、假焊等故障现象。

经过剥头和捻头的导线应及时浸锡，以防止氧化。导线浸锡可以用锡锅或电烙铁，通常使用锡锅浸锡。锡锅通电加热后，锅中的焊料熔化。将导线端头蘸上助焊剂，然后将导线垂直插入锅中，并且使浸锡层与绝缘层之间留有 1～2mm 间隙，待浸润后取出即可。浸锡的时间要根据芯线的粗细来掌握，一般为 2～5s。锡锅浸锡时，不许伤及绝缘层。浸锡所用焊料可选用铅锡焊料 HISnPb39，助焊剂可选用松香酒精溶液（比例为 3∶7）。

当工作量很小时，采用电烙铁上锡的方法很简便：用断钢锯条刮净芯线上的氧化层后，将芯线插入松香酒精溶液中 1s 左右，取出后随即用电烙铁蘸焊锡上锡。电烙铁挂锡时，旋转方向与拧合方向一致。

要注意不能让焊锡浸入绝缘层内，造成导线变硬；经过浸锡的芯线，其浸锡层应牢固均匀，表面光亮，无孔状，无锡瘤和毛刺。

5. 清洗

采用无水酒精作为清洗液，清洗残留在芯线端头的脏物，同时又能迅速冷却浸锡导线，保护导线的绝缘层。

6. 印标记

复杂的产品使用了很多导线，单靠塑胶线的颜色已不能区分清楚，应在导线两端印上线号或色环标记，才能使安装、焊接、调试、修理、检查时方便快捷。印标记的方式有导线端印字标记、导线染色环标记和将印有标记的套管套在导线上等。

二、电缆线的加工

1. 普通电缆的加工

普通电缆的加工第一步是去除最外层的护套，注意不能损伤内部芯线的绝缘层。接下来的操作可参照绝缘导线的加工方法。

2. 屏蔽导线及同轴电缆的加工

为了防止因导线电场或磁场的干扰而影响电路正常工作，可在导线外加上金属屏蔽层，这样就构成了屏蔽导线。屏蔽导线和同轴电缆的外形结构相同，所以其加工方式也一致。剪裁长度只允许有 5%～10% 的正误差，不允许有负误差。屏蔽导线端头外露长度直接影响到屏蔽效果，因此对屏蔽导线加工必须按工艺文件执行。

1）屏蔽导线端头去除屏蔽层长度

在对屏蔽导线进行端头处理时，应注意去除的屏蔽层不能太长，否则会影响屏蔽效果。屏蔽层到绝缘层端头的距离应根据导线工作电压而定，一般去除的长度为 10～20mm；如果工作电压很高（超过 600V）时，可去除 20～30mm。

2）屏蔽层接地端的处理

屏蔽导线的屏蔽层一般都需接到电路的地端，以产生更好的屏蔽效果。屏蔽层的接地线制作通常有以下方法。

（1）屏蔽层中间抽头法

① 从铜编织套中抽出芯线。先用划针在屏蔽层的适当位置拨开一小槽，弯曲屏蔽层，用镊子（或穿针）从孔中抽出绝缘芯线。

② 把屏蔽层拧紧，并在屏蔽层端部浸锡（注意浸锡时应用尖嘴钳夹持，不让锡向上渗而形成硬结）；同时，去掉一段芯线绝缘层并将芯线浸锡。也可以将铜编织线剪短并去掉一部分，然后焊上一段引出线，以作为接地线使用。剥脱的屏蔽层线需要整形并套热缩套管（套热缩套管用热风枪吹时露头不能太长，不宜吹得太久）。制作方法如图 3-4 所示。

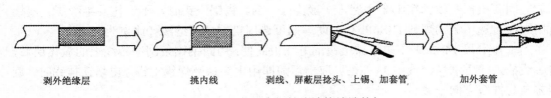

剥外绝缘层   挑内线   剥线、屏蔽层捻头、上锡、加套管   加外套管

图 3-4　屏蔽层中间抽头法接地端的加工

（2）直接用屏蔽层制作

对于较粗、较硬屏蔽导线接地端的加工、处理方法见图 3-5 所示。若其绝缘层有棉织蜡克层或塑胶层，则应先剪去适当长度的屏蔽层以后，在屏蔽层内套一个黄蜡管或缠黄绸布 2 或 3 层，再在它上面用 ϕ0.5～0.8mm 的镀银铜线密绕数圈，宽度为 2～6mm，然后将

密绕的铜线焊在一起（应焊一周），焊接时间要快，以免烫伤绝缘层，最后留出一定长度作为接地线。

对经过线端加工的屏蔽导线，为保证绝缘和便于使用，需在线端套上绝缘套管。用热收缩套管时，可用电吹风或电烙铁烘烤。

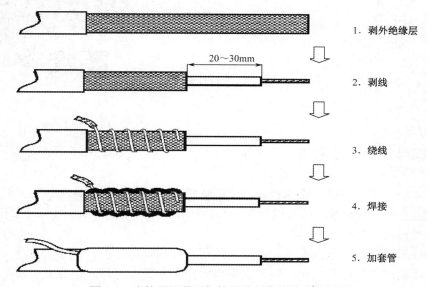

1. 剥外绝缘层

2. 剥线（20～30mm）

3. 绕线

4. 焊接

5. 加套管

图 3-5　直接用屏蔽层加接导线制作接地线的过程

3. 扁平电缆的加工

扁平电缆又称带状电缆，是电子产品常用的导线之一。在数字电路特别是计算机电路中，连接导线往往成组出现，工作电平、导线去向都一致，使用扁平电缆很方便。常用的扁平电缆是导线芯为 $7×0.1mm^2$ 的多股软线，外皮为聚氯乙烯，导线间距为 1.27mm，导线根数为 10～60 不等，颜色多为灰色或灰白色，在一侧最边缘的线为红色或其他不同颜色，作为接线顺序的标志。

扁平电缆采用穿刺卡接的方式与专用插头连接时，基本上不需进行端头处理；但采用直接焊装或普通插头压接时，就必须进行端头加工处理。

扁平电缆使用中大都采用穿刺卡接方式与专用插头连接，如图 3-6 所示。接头内有与扁平电缆尺寸相对应的 U 形接线簧片，在压力作用下，簧片刺破电缆绝缘皮，将导线压入 U 形刀口，并紧紧挤压导线，获得电气接触。压接前必须认真核对方向，然后打开插座上压板，将电缆卡到插座中，必须仔细使每一根导线都与 U 形刀口对准，插上上压板后均匀加压，使导线压入刀口，直到上压板的活扣卡到插座中为止，图 3-7 是压接好的扁平电缆组件。在没有专用压线器时可用台钳压制，注意不可用力太猛。

三、线扎的加工

在复杂的电子产品中，分机之间、电路之间的导线很多。为了使配线整洁，简化装配结构，减少占用空间，方便安装维修，并使电气性能稳定可靠，通常将这些互连导线绑扎在一起，成为具有一定形状的导线束，常称为线扎（线把、线束）。

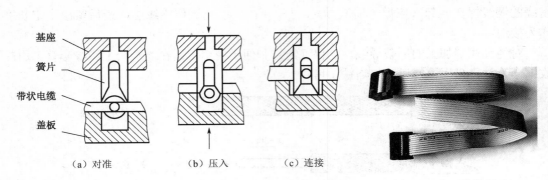

（a）对准   （b）压入   （c）连接
图 3-6   扁平电缆穿刺卡接示意图   图 3-7   扁平电缆组件

1. 扎线用品

扎线用品有捆扎线、扎线带、线卡等。

2. 线扎的要求

（1）绑入线扎中的导线应排列整齐，不得有明显的交叉和扭转。

（2）不应把电源功率线和信号线捆在一起，以防止信号受到干扰。线扎不要形成环路，以防止磁力线通过环形线，产生磁、电干扰。

（3）导线端头应打标记或编号，以便在装配、维修时容易识别。

（4）扎线要用绳或线扎搭扣，但不宜绑得太松或太紧。绑得太松会失去线扎的作用，太紧又可能损伤导线的绝缘层。同时，扎丝扣紧时，系结不应倾斜，也不能系成椭圆形，以防止线束松散。

（5）线扎结与结之间的间距要均匀，间距的大小要视线扎直径的大小而定，一般间距取线扎直径的 2～3 倍。在绑扎时，应根据线扎的分支情况适当增加或减少结扎点。为了美观，扎丝结扣一律打在线束下面。

（6）线扎分支处应有足够的弧过渡，以防止导线受损。通常弯曲半径应比线扎直径大两倍以上。

（7）对需要经常移动位置的线扎，在绑扎前应将线束拧成绳状，并缠绕聚氧乙烯胶带或套上绝缘套管，然后绑扎好。

（8）绑扎时，不能用力拉线扎中的某一根导线，以防止把导线中的芯线拉断。

3. 线扎制作方法

线扎制作过程为：剪裁导线及加工线端→导线端头印标记→制作配线板→排线→扎线。

1）剪裁导线及加工线端

按工艺文件中的导线加工表剪裁符合规定尺寸和规格的导线，并进行剥头、捻头、浸锡等导线端加工。操作过程及要求与绝缘导线的加工相同。

2）导线端头印标记

复杂的电子装置使用的绝缘导线通常有很多根，需要在导线两端印上线号或色环标记，或者采用套管印标记等方法。常用的标记有编号和色环。印标记方法如下。

（1）用酒精将线端擦洗干净，晾干等用。

（2）用盐基性染料加10%的聚氯乙烯和90%的二氯乙烷配制成的印制颜料或用各种油

墨印编号。

（3）用眉笔描色环或用橡皮章打印标记。打印前，将颜料或油墨调匀，将少量油墨放在玻璃板上，用油辊滚成一层薄层，再用印章去蘸油墨。打印时，印章要对准位置，用力要均匀。如果标记印得不清，应立即擦掉重印。导线编号标记位置在离绝缘端8～15 mm 处，色环标记在 0～20mm 处。要求印字清楚、方向一致，数字大小与导线粗细相配。

3）制作配线板

将 1：1 的配线图贴在足够大的平整木板上，在图上盖一层透明薄膜，以防图纸受污损。再在线扎的分支或转弯处钉上去头铁钉，并在铁钉上套一段聚氯乙烯套管，以便于扎线。

4）排线

按 1：1 的配线图贴在足够大的平整木板上图样的走向排列导线。排线时，屏蔽导线应尽量放在下面，然后按先短后长的顺序排完所有导线。如果导线较多不易放稳，可在排完一部分导线后，先用废导线临时绑扎在线束的主要位置上，待所有导线排完后，边绑线边拆除废导线。

5）扎线

（1）扎线方法

扎线方法较多，主要有黏合剂结扎、线扎搭扣绑扎、线绳绑扎等。

① 黏合剂结扎。当导线比较少时，可用黏合剂四氢呋喃黏合成线束。操作时，应注意黏合完成后，不要立即移动线束，要经过 2～3min 待黏合剂凝固以后方可移动。

② 线扎搭扣绑扎。线扎搭扣又叫线卡子、卡箍等，其样式较多。搭扣一般用尼龙或其他柔软的塑料制成。绑扎时可用专用工具拉紧，最后剪去多余部分。线扎搭扣的种类很多，图3-8 仅列出了数种。

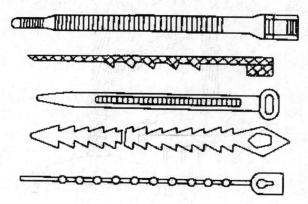

图 3-8 线扎搭扣

③ 线绳绑扎。捆扎线有棉线、尼龙线、亚麻线等。线绳绑扎的优点是价格便宜，但在批量大时工作量较大。为防止打滑，捆扎线要用石蜡或地蜡进行浸渍处理，但温度不宜太高。

（2）扎线注意事项

① 起始线扣与终端线扣绑扎完毕后应涂上清漆，以防止松脱。

② 线扎较粗、带分支线束的绑扎方法如图 3-9 所示。分支拐弯处应多绕几圈线绳，以便加固。

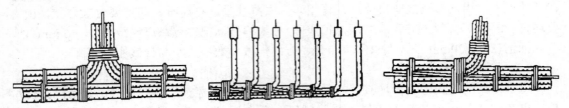

图 3-9　线扎较粗、带分支线束的绑扎方法

③ 导线经过棱角处的处理。线扎或单根导线经过机壳棱角处时，为了避免钢铁棱角磨损导线绝缘层造成接地故障（金属外壳按规定要接地）或短路故障，在线扎和导线上要缠绕聚氯乙烯绝缘带，或者加塑料套管或黄蜡绸带，也可以将经过棱角处的导线缠绕两层白布带后，缠一层亚麻线，再涂上清漆，如图 3-10。

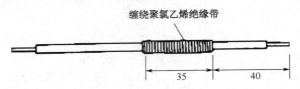

图 3-10　导线经过棱角处的防护措施

④ 活动线扎的做法。插头等接插件，因需要拔出插进，其线扎也需要经常活动，所以这种线扎的做法和一般的不一样，如图 3-11 所示。图 3-11（a）所示的方法是活动部位的线束采用多股塑料软线，在捆扎成束之前拧成 15° 左右的角度，再按前述方法扎绑。图 3-11（b）所示的方法是采用聚氯乙烯胶带或用尼龙卷槽缠绕。

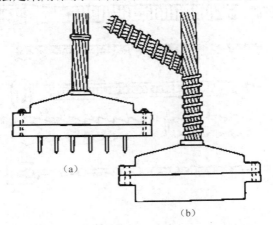

图 3-11　活动线扎的做法

上面介绍的扎线方法各有优缺点。线绳绑扎比较经济，但在大批量生产时工作量也大。用线槽成本较高，但排线比较省事，更换导线也比较容易。黏合剂结扎只能用于少量线束，比较经济，但换线不方便，而且在施工中要注意防护，因为四氢呋喃在挥发过程中对人体有害。线扎搭扣绑扎比较省事，更换导线也方便，但搭扣只能使用一次。

扎线的重点在于走线和外观应排列整齐，而且有棱有角；防止连线错误时，按各分支扎线；扎线的间距标准为 50mm，可根据连线密度及分支数量改变。

任务二 绝缘材料简介与使用

一、绝缘套管简介与使用

绝缘套管是用于穿过带电导体的一种绝缘子，是对这类绝缘材料的统称。作为一种重要的绝缘材料，绝缘套管主要搭建于变压器、电抗器、断路器等电力设备及墙体中，承担对地绝缘、支撑及载流的功能；而在低压电器中则主要对裸露带电部位进行绝缘保护，应用十分广泛。

1. 绝缘套管的分类

绝缘套管的分类方法很多，根据材料可分为玻璃纤维绝缘套管（如图3-12所示）、PVC套管、热缩套管等，根据结构类型可分为单一绝缘套管、复合绝缘套管、电容式套管，根据套管的软硬可分为硬绝缘套管（如图3-13所示）和软绝缘套管（如图3-14所示）。

图3-12 玻璃纤维绝缘套管　　图3-13 硬绝缘套管　　图3-14 波纹软绝缘套管

2. 常用绝缘套管简介

（1）铁氟龙套管［聚四氟乙烯（PTFE）套管］（如图3-15所示）具有优良的电气特性且耐温、耐腐蚀，广泛应用于电气绝缘、理化仪器、电子通信、航太、汽车、医疗、电热等领域。

（2）热缩套管为 EVA 聚烯烃材质，具有低温收缩、柔软阻燃、绝缘防腐功能，如图3-16所示。

（3）硅橡胶玻璃纤维套管分为内胶外纤和外胶内纤两种规格，如图3-17所示。硅橡胶玻璃纤维套管是由编织玻璃纤维和硅树脂高温处理而成的，具有良好的绝缘性、阻燃性和柔软性，广泛应用于 H&N 级电机、家用电器、电热设备、特种灯具、电视及电子仪器的内部线集束的绝缘保护。

常用绝缘套管的牌号及其特性列于表3-3中。

　　　　　　　　　　　　　　　　　　　　（a）内胶外纤　　　（b）外胶内纤

图3-15 铁氟龙套管　　图3-16 热缩套管　　图3-17 硅橡胶玻璃纤维套管

表 3-3　常用绝缘套管的牌号及其特性

套管牌号	材　质	耐　温	耐压等级	抗电强度（kV/mm）	阻燃等级	UL认证编号
TFL 200℃150V	铁氟龙套管	200℃	600V	≥15	UL94V-0	E156256
TFT 200℃300V	铁氟龙套管	200℃	600V	≥15	UL94V-0	E156256
TFS 200℃600V	铁氟龙套管	200℃	600V	≥15	UL94V-0	E156256
15-S600V 200℃	铁氟龙套管	200℃	600V	≥15	UL94V-0	E254113
15-T300V 200℃	铁氟龙套管	200℃	600V	≥15	UL94V-0	E254113
K-2 600V 125℃	EVA套管	125℃	600V	≥15	UL94V-0	E214175
RSFR 125℃ 600V	EVA套管	125℃	600V	≥15	UL94V-0	E203950
CB-HFT	无卤EVA套管	125℃	600V	≥15	UL94V-0	E180908
CHANGBAO-102	EVA套管	125℃	600V	≥15	UL94V-0	E180908
SGS-40	硅橡胶玻璃纤维套管	200℃	4000V	≥15	UL94V-0	E233804
SRS-70	硅橡胶玻璃纤维套管	200℃	7000V	≥15	UL94V-0	E233803

3. 绝缘套管的选用与使用

1）绝缘套管的选用

根据电器的绝缘等级选择绝缘套管的材质，根据接线头的长度确定绝缘套管的长度，根据导线线径的大小或接线头的大小选择绝缘套管的大小。

2）绝缘套管的使用

对于硬绝缘套管，最好用专业的剪刀切割管材，这样能使得切口完整，避免穿电线时破损电线的绝缘体；也可以用弓锯切割管材，但需清理切口，清除毛刺。

套管及配件内外表面应光滑，不应有裂纹、凸棱、毛刺等缺陷。穿入电线或电缆时，套管不应损伤电线、电缆表面的绝缘层。

二、热缩套管简介与使用

1. 热缩套管简介

热缩套管的材料主要是塑料，包括 PVC、ABS、EVA、PET 等。它柔软富有弹性，受热（125℃）会收缩，广泛应用于各种线束、焊点、电感的绝缘保护，金属管、棒的防锈、防蚀。图 3-18 所示为热缩套管及其制成品。

热缩套管是一种热收缩包装材料，遇热即收缩，一般用于对电子元器件、电器、电池和电线接头等进行包装并起到绝缘作用。

2. 热缩套管的使用

热缩套管的使用要求及注意事项如下。

（1）根据要保护的接头大小选择相应粗细的热缩套管。通常情况下，选用的热缩套管的直径的70%应大致和被保护元器

图 3-18　热缩套管及其制成品

件的直径相等。例如，要套直径为20cm的柱体，就应选择未收缩前最小直径为29cm的热缩套管。但对于规格大于40cm的热缩套管，建议该值为60%。

（2）根据要保护的接头长度剪取合适长度的热缩套管。以热缩后完全套住接头并有一定的余量为宜。需要注意的是，套管越粗，热缩的效果就越明显。因此，越粗的套管裁剪的长度应该相应长一些。

（3）切割热缩套管时，切口应整齐、光滑，不得产生毛刺或裂口，以避免加热收缩时产生的应力集中沿裂口蔓延。

（4）套管前，清除母线上的毛刺、尖角，以防在回缩过程中刺穿热缩套管造成开裂。

（5）采用工业电吹风或液化气喷枪时，必须从一端向另一端均匀加热或从中间向两端均匀加热至热缩套管收缩，不可从两端向中间加热，造成空气鼓包现象。

（6）采用加热枪（一般温度为 400～600℃）和各种产生蓝色明火（800℃以上）的加热工具时，必须注意火与热缩套管的距离，即 4～5cm 均匀移动，火焰的外焰与热缩套管表面成 45°角，并且要边移动边加热，不可过于靠近套管表面或集中在一处加热，否则，会产生薄厚不均或烧伤套管。

（7）用热风机对热缩套管加热时，注意尽量不要加热到导线的绝缘层，以免损坏导线的绝缘层；同时，尽量避免加热到容易受热变形的塑料外壳和别的元器件。

（8）母线在烘箱中均匀加热，回缩温度为 100～130℃，时间为 5～10min。对于较大规格母线，时间为 20～30min。

收缩热缩套管可以用下述任意一种方法，即恒温烘箱、丙烷灯、液化气明火、汽油喷灯和工业电热风枪。如果没有热风机，也可以使用电吹风、热收缩机等，甚至直接利用电烙铁或打火机等直接对热缩套管进行加热。

3.2　项目基本知识

知识点一　导线的分类

导线是最常用的电工材料，是传输电能和信号的载体。电工产品中的导线大多由铜、铝等高电导率金属制成，其截面为圆形截面，少数按照特殊要求制成矩形或其他形状的截面。铜导线的电阻率小，导电性能好，但是价格较高；而铝导线的电阻率虽比铜导线稍大些，但因价格低被广泛应用。导线的品种很多，其分类方法也有多种。

（1）按股数分，导线有单股线与多股线。一般，截面面积在 $6mm^2$ 及以下的为单股线；截面面积在 $10mm^2$ 以上的为多股线，它由几股或几十股芯线绞合在一起形成一根，有 7 股、19 股、37 股等。

（2）按芯线材料分，导线有单金属丝（如铜丝、铝丝）、双金属丝（如镀银铜线）和合金线。常用的绝缘导线主要有铜芯和铝芯两种。

（3）按芯线外面有无绝缘层分，导线有裸电线和绝缘电线两种。

（4）导线还可按粗细分。导线的粗细标准称为线规，有线号和线径两种表示方法。我国采用的是线径制，按导线直径大小的毫米数表示。英、美等国采用线号制，将导线的粗细排列成一定号码称线号，线号越大，其直径就越小。

（5）按软硬分，导线有软线和硬线两种。

电子装配常用的绝缘导线有 3 类，如图 3-19 所示。

（a）单股绝缘导线，绝缘层内只有一根芯线，俗称硬线，容易成形固定，常用于固定位置连接。漆包线也属于此范围，只不过它的绝缘层不是塑胶，而是绝缘漆。

（b）多股绝缘导线，绝缘层内有 4 根以上的芯线，俗称软线，使用最为广泛。

（c）屏蔽线在弱信号的传输中应用很广，同样结构的还有高频传输线。

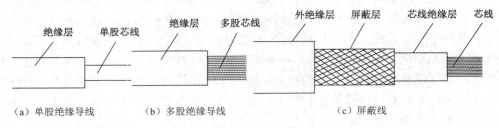

图 3-19　电子装配常用的绝缘导线类型

常见的绝缘电线、电缆的型号和用途见表 3-4。

表 3-4　常见的绝缘电线、电缆的型号和用途

型　号	名　称	主　要　用　途	结构示意图	说　明
AV	聚氯乙烯绝缘安装线	小于 250V 的交流或小于 500V 的直流，弱电设备、仪表、电路的连接，使用温度为-60～70℃		1——镀锡铜芯线 2——聚氯乙烯绝缘层
AVR	聚氯乙烯绝缘屏蔽安装线			1——镀锡铜芯线 2——聚氯乙烯绝缘层 3——铜编织线
AVRP	聚氯乙烯绝缘屏蔽安装软线			1——镀锡铜芯线 2、3——天然丝包线 4——聚氯乙烯绝缘层 5——铜编织线
ASTV	纤维聚氯乙烯绝缘安装线	电气设备、仪表内部及仪表之间固定安装，使用温度为-40～60℃		1——镀锡铜芯线 2、3——天然丝包线 4——聚氯乙烯绝缘层 5——铜编织线
ASTVR	纤维聚氯乙烯绝缘安装软线			
SATVRP	纤维聚氯乙烯绝缘屏蔽安装软线			
BV	聚氯乙烯绝缘电线	小于 500V 的交流，电气设备和照明安装		1——铜芯线 2——聚氯乙烯绝缘层
RV	聚氯乙烯绝缘软线	小于 500V 的交流，要求柔软电线的场合		
RBV	聚氯乙烯平行连接软线	小于 250V 的交流，移动式日用电器连接		

续表

型　号	名　　称	主　要　用　途	结构示意图	说　　明
RVS	聚氯乙烯双绞连接软线	小于500V的交流,移动式日用电器连接		1——铜芯线或镀锡芯线 2——聚氯乙烯绝缘层
ASER	纤维绝缘安装软线	电子仪器和弱电设备的固定安装		1——镀锡铜芯线 2、3——天然丝包线 4——尼龙丝编织线
ASEBR	纤维绝缘安装软线			
FVL	聚氯乙烯绝缘低压蜡克线	飞机上低压电路安装,使用温度为-40～60℃		1——镀锡铜芯线 2——聚氯乙烯绝缘层 3——棉纱编织并涂蜡光 4——镀锡铜编织线
FVLP	聚氯乙烯绝缘低压带屏蔽蜡克线			
SBVD	带型电视引线	电视接收天线引线,使用温度为-40～60℃		1——铜芯线 2——聚氯乙烯绝缘层
TXR	橡皮软电缆	电信电线,使用温度为-50～50℃		1——铜芯线 2——橡皮绝缘层
AVBL	聚氯乙烯绝缘蜡克线	弱电设备及仪表线路的固定安装,使用温度为-40～60℃		1——镀锡铜芯线 2——聚氯乙烯绝缘层 3——玻璃丝编织并涂蜡光 4——镀锡铜编织线
AVBLP	聚氯乙烯绝缘带屏蔽蜡克线			
YHR	橡皮软电缆	移动式电气设备连接,使用温度为-50～50℃		1——铜芯线 2——橡皮绝缘层 3——橡皮绝护套 4——玻璃丝编织或乳胶玻璃布带包 5——镀锌铜编织线
YHRP				
AVV	聚氯乙烯安装电缆	电视接收天线引线,使用温度为-40～60℃		1——镀锡铜芯线 2——聚氯乙烯绝缘层 3——聚氯乙烯薄膜绕包 4——聚氯乙烯护套 5——镀锌铜编织线
AVPV	聚氯乙烯安装电缆,带编织线			
SYV	聚氯乙烯绝缘同轴射频电缆	固定或无线电设备安装,使用温度为-40～60℃		1——铜芯线 2——聚氯乙烯绝缘层 3——铜编织线或镀锡铜编织线 4——聚氯乙烯护套
SIV-7	空气-聚氯乙烯绝缘同轴频电缆	固定或移动式无线电设备安装,使用温度为-40～60℃		1——铜芯线 2——聚乙烯星型管绝缘层 3——铜编织线 4——聚氯乙烯护套

知识点二　常用导线的命名方法和用途

一、常用导线的命名方法

常用导线的命名分型号和规格两个部分。

1. 常用导线的型号命名方法

常用导线的型号命名方法如表 3-5 所示。

表 3-5　标准产品型号表示法

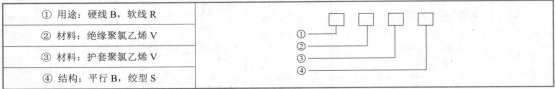

| ① 用途：硬线 B，软线 R |
| ② 材料：绝缘聚氯乙烯 V |
| ③ 材料：护套聚氯乙烯 V |
| ④ 结构：平行 B，绞型 S |

2. 常用导线的规格命名方法

常用导线的规格命名方法如表 3-6 所示。

表 3-6　标准产品规格表示法

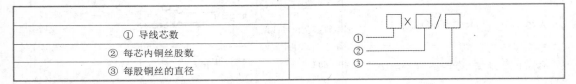

| ① 导线芯数 |
| ② 每芯内铜丝股数 |
| ③ 每股铜丝的直径 |

二、常用导线的型号及主要用途

常用导线的型号及主要用途见表 3-7、表 3-8。

表 3-7　常用裸线的型号及主要用途

分　类	名　称	型　号	主要用途
裸单线	硬圆铜单线	TY	用于电线电缆的芯线和电机、变压器等的绕组线。硬圆铜单线也可用于电力及通信架空线
	软圆铜单线	TR	
	镀锡软铜单线	TRX	用于电线电缆及电机、变压器等
	裸铜软单线	TTR	用于通信用的架空天线
裸型线	软铜扁线	TBR	用于电机、电器、配电线路及其他电工制品
	硬铜扁线	TBY	
	裸铜电刷线	TS、TSR	用于电机及电气线路上连接电刷
电阻合金线	镍铬线	Cr20Ni80	供制造发热元件及电阻元件用，正常工作温度为 1000℃
	康铜线	KX	供制造普通电阻用，能在 500℃条件下使用

表 3-8　常用电磁线的型号及主要用途

型　号	名　称	主要特性及用途
QZ-1	聚酯漆包圆铜线	用于中小型电机、电气仪表等的绕组，机械强度较高，耐温在 130℃以下，抗溶剂性能好
OST	单丝漆包圆铜线	用于电机、电气仪表的绕组

续表

型　号	名　称	主要特性及用途
QZB	高强度漆包扁铜线	用途同 QZ-1，特点是槽满率高
QJST	高频绕组线	作为高频绕组线用

知识点三　绝缘材料的基本知识

绝缘材料的作用是在电气设备中把电势不同的带电部分隔离开来。因此，绝缘材料首先应具有较高的绝缘电阻和耐压强度，并能避免发生漏电、击穿等事故；其次耐热性能要好，避免因长期过热而老化变质；此外，还应有良好的导热性、耐潮防雷性和较高的机械强度及工艺加工方便等特点。根据上述要求，常用绝缘材料的性能指标有绝缘强度、抗张强度、比重、膨胀系数等。

一、绝缘材料的分类与用途

电工常用的绝缘材料按其化学性质不同，可分为无机绝缘材料、有机绝缘材料和混合绝缘材料。

（1）常用的无机绝缘材料有云母、石棉、大理石、瓷器、玻璃、硫黄等，主要用作电机、电器的绕组绝缘及开关的底板和绝缘子等。

（2）有机绝缘材料有虫胶、树脂、橡胶、棉纱、纸、麻、人造丝等，大多用于制造绝缘漆、绕组导线的被覆绝缘物等。

（3）混合绝缘材料为由以上两种材料经过加工制成的各种成型绝缘材料，用作电器的底座、外壳等。

二、绝缘材料的等级划分

绝缘材料的绝缘性能与温度有密切的关系。温度越高，绝缘材料的绝缘性能越差。为保证绝缘强度，每种绝缘材料都有一个适当的最高允许工作温度，在此温度以下，可以长期安全地使用，超过这个温度就会迅速老化。按照耐热程度，把绝缘材料分为 Y、A、E、B、F、H、C 等级别，各耐热等级对应的温度如下。

Y 级绝缘耐温 90℃，A 级绝缘耐温 105℃，E 级绝缘耐温 120℃，B 级绝缘耐温 130℃，F 级绝缘耐温 155℃，H 级绝缘耐温 180℃，C 级绝缘耐温 200℃以上。

三、常用的电工绝缘材料及用途

常用的电工绝缘材料及用途如表 3-9 所示。

表 3-9　常用的电工绝缘材料及用途

名　称	实　物　图	特性与用途
电缆纸		做 35kV 的电力电缆、控制电缆、通信电缆及其他电器绝缘纸

续表

名　　称	实　物　图	特性与用途
电容器纸		在电子设备中做变压器的层间绝缘
黄蜡带		适用于一般电机、电器衬垫或线圈绝缘
黄漆管		有一定的弹性，适用于电气仪表、无线电器件和其他电气装置的导线连接保护和绝缘
环氧玻璃漆布		适用于包扎环氧树脂浇注的特种电器线圈
软聚氯乙烯带		作电气绝缘及保护用，颜色有灰、白、天蓝、紫、红、橙、棕等
聚四氟乙烯电容器薄膜、聚四氟乙烯电容器绝缘薄膜		用于电容及电气仪表中的绝缘，使用温度为-60～250℃
酚醛层压纸板		具有低的介质损耗，适用于在无线电通信设备中做绝缘结构零部件

续表

名　称	实　物　图	特性与用途
酚醛层压布板		有较高的机械性能和一定的介电性能，适用于在电气设备中做绝缘结构零部件
环氧酚醛玻璃布板		有较高的机械性能、介电性能和耐水性，适用于在潮湿环境下做电气设备结构零部件

还有一些常用的电工绝缘材料，如图 3-20 所示。

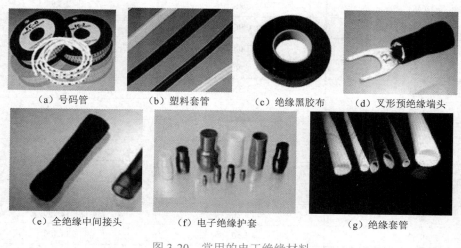

（a）号码管　　　（b）塑料套管　　　（c）绝缘黑胶布　　　（d）叉形预绝缘端头

（e）全绝缘中间接头　　　（f）电子绝缘护套　　　（g）绝缘套管

图 3-20　常用的电工绝缘材料

3.3　项目知识拓展

导线的选用

使用导线的目的主要是输送电能和电信号。在电子装置中，通常要求导线能如实地传输信号，但事实上，传输过程中总会产生信号失真和噪声等问题，尤其是在电子制作过程中。因此，在使用和选择导线时，需要考虑以下因素。

一、电气因素

（1）允许电流。导线的允许电流应比电路的最大电流要大。导线的允许电流是指常温下的电流值。为保证温度升高时仍能正常使用，要有适当的安全系数。表 3-10 列出不同截面积和线径导线所允许通过的电流值（电流密度以 $4A/mm^2$ 计算）。

表 3-10 不同截面积和线径导线所允许通过的电流值

芯线标称截面积（mm²）	芯线标称直径（mm）	允许通过的电流值（A）
0.00196	0.05	0.00784
0.00785	0.10	0.03140
0.0117	0.15	0.07080
0.0314	0.20	0.1356
0.0491	0.25	0.1964
0.0953	0.35	0.384
0.152	0.44	0.608
0.238	0.55	0.952
0.322	0.64	1.288
0.430	0.74	1.720
0.581	0.86	2.320
0.724	0.96	2.900
0.916	1.08	3.660
1.13	1.20	4.520
1.43	1.35	5.720
1.77	1.50	7.080
2.06	1.62	8.240
3.30	2.05	13.200
4.34	2.35	17.360
6.38	2.85	25.630
8.04	3.20	32.200
9.62	3.50	38.400
13.20	4.10	52.800
21.24	5.20	84.900

（2）导线的电阻电压降。一般情况下，导线的电阻很小，其电压降可以忽略。但在导线很长时，其电压降就应该考虑了。为了减小导线电阻的电压降，可以使用直径较大的导线或板材。

（3）额定电压和绝缘性。各种导线的实验电压（指在 1min 内没有变化的耐电压值）不同，从几百伏到几千伏，通常以此值的三分之一作为导线的额定电压。在使用时，电路的最大电压应低于导线的额定电压。这样，才能保证导线具有良好的绝缘性能。

（4）使用频率及高频特性。如果电路的频率较高，则选用导线时要考虑高频特性，即要考虑所选用导线的静电电容、介质损耗、导体的集肤效应等。这时，应选用高频电缆。为减小集肤效应，可选用多股铜线或铜管。

（5）特性阻抗。为了防止反射波，一般希望同轴电缆和馈线具有一定的特性阻抗。选用射频电缆时，应注意阻抗的匹配关系。

（6）信号电平与屏蔽线。当信号较小，相对于信号电平的外来噪声，电平不可忽略时，应选用屏蔽线。

二、环境因素

（1）机械强度。所选择的导线应具备良好的拉伸强度、耐磨损性和柔软性，重量要轻，以适应环境的机械振动等条件。

（2）环境温度。由于环境温度的影响会使导线的敷层变软或变硬，以至于变形开裂，造成短路，所以选用的导线应能适应环境温度的要求。

（3）耐老化程度。各种绝缘材料都会老化腐蚀，例如，长期日光照射会加速绝缘橡胶老化，接触化学溶剂可能腐蚀导线绝缘外皮等。应根据产品的工作环境选择相应导线，还应考虑安全性，防止火灾和人身事故的发生。易燃烧的材料不能作为导线的敷层。

三、装配工艺因素

（1）选择导线时，要尽可能考虑装配工艺的优化。例如，一组导线选择相应芯线数的电缆而避免用单根线组合，既省工又增加可靠性。

（2）导线颜色要符合习惯，便于识别。行业中的习惯做法可参考表 3-11。

表 3-11　导线颜色选择

电 路 种 类		导 线 颜 色
一般交流电路		① 白　② 灰
交流电源线	相线 A	黄
	相线 B	绿
	相线 C	红
	工作零线	淡绿
	保护零线	黄绿双色
直流电路	+	① 红 ② 棕 ③ 黄
	地线	① 黑 ② 紫
	−	① 蓝　② 白底青纹
三极管电路	与 e 极相连的导线	① 红 ② 棕
	与 b 极相连的导线	① 黄 ② 橙
	与 c 极相连的导线	① 青 ② 绿
立体声电路		① 红 ② 橙
		① 白 ② 灰

 项目评估检查

一、思考题

1．导线是如何命名的？常用导线的型号及主要用途有哪些？

2．扁平电缆适用于何种场合？

3．绝缘导线的加工过程是什么？

4．线扎的要求是什么？

5．绝缘套管可分为哪些类型？

6．导线选用时应考虑哪些因素？

7．导线是如何分类的？

8．屏蔽导线的屏蔽层为什么要接地？接地端的加工方法是什么？

9．常用绝缘材料有哪些类型？各自用途都有哪些？

二、技能训练

将学生根据情况分组，进行如下训练。

（一）绝缘导线的加工训练

1．训练目标

掌握绝缘导线的加工过程及工艺要求。

2．训练器材

（1）绝缘硬导线、绝缘软导线若干。

（2）斜口钳、电工刀、剥线钳、酒精松香溶液、焊锡丝、电烙铁等。

3．训练内容

应用"绝缘导线的加工"中相关要求，进行绝缘硬导线及软导线的加工训练，把结果填入表 3-12。

表 3-12　绝缘导线的加工

编　号	实训项目	主　要　问　题	等　　次			
			优　良	合　格		不合格
1	绝缘硬导线					
2	绝缘软导线					

（二）电缆线的加工训练

1．训练目标

掌握常见的几种电缆线的加工过程及工艺要求。

2．训练器材

（1）普通电缆、屏蔽线、扁平电缆及配套接头若干。

（2）斜口钳、电工刀、剥线钳、酒精松香溶液、焊锡丝、电烙铁、压线器等。

3．训练内容

应用"电缆线的加工"中相关要求，进行普通电缆的加工、屏蔽线接地端的加工处理、扁平电缆与接头连接的训练，把结果填入表 3-13。

表 3-13　普通电缆、屏蔽线接地端、扁平电缆的加工

编　号	实训项目	主　要　问　题	等　　次			
			优　良	合　格		不合格
1	普通电缆					
2	屏蔽线					
3	扁平电缆					

（三）线扎的加工训练

1．训练目标

掌握线扎的加工过程及工艺要求。

2．训练器材

（1）各种类型、不同线径的导线，线扎搭扣，棉线或尼龙线若干，电工板等。

（2）电工刀、剥线钳、剪刀等。

3．训练内容

应用"线扎的加工"中相关要求，进行线扎的加工训练，把结果填入表 3-14。

表 3-14　线扎的加工

线扎加工的主要问题				等　次			
松 紧 度	距　离	密　度	形　状	优　良	合　格	不 合 格	

（四）绝缘套管的加工训练

1．训练目标

掌握绝缘套管的加工过程及工艺要求。

2．训练器材

（1）各种类型、不同线径的导线和绝缘套管若干。

（2）电工刀、剥线钳、剪刀、电烙铁、焊锡丝、松香等。

3．训练内容

应用"绝缘套管简介与使用"中相关要求，进行绝缘套管的加工训练，把结果填入表 3-15。

表 3-15　绝缘套管的加工

绝缘套管加工的主要问题				等　次			
材 料 选 择	长　度	松 紧 度	绝缘效果	优　良	合　格	不 合 格	

（五）热缩套管的加工训练

1．训练目标

掌握热缩套管的加工过程及工艺要求。

2．训练器材

（1）各种类型、不同线径的导线和热缩套管若干。

（2）电工刀、剥线钳、剪刀、电烙铁、焊锡丝、松香、热风机等。

3．训练内容

应用"热缩套管简介与使用"中相关要求，进行热缩套管的加工训练，把结果填入表 3-16。

表 3-16　热缩套管的加工

热缩套管加工的主要问题				等　次			
材 料 选 择	长　度	松 紧 度	绝缘效果	优　良	合　格	不 合 格	

三、项目评价评分表

1．自我评价、小组互评及教师评价

评价项目	项目评价内容	分 值	自我评价	小组互评	教师评价	得分
实操技能	① 绝缘导线的加工	15				
	② 电缆线的加工	10				
	③ 线扎的加工	10				
	④ 绝缘套管的加工	10				
	⑤ 热缩套管的加工	10				
理论知识	① 导线的分类方法	5				
	② 常用导线的命名方法	5				
	③ 常用导线的型号及主要用途	10				
	④ 绝缘材料的基本知识	5				
	⑤ 导线选用时应考虑哪些因素	5				
安全文明生产和职业素质培养	① 出勤、纪律	5				
	② 工具的摆放和维护	5				
	③ 团体协作精神、卫生情况	5				

2．小组学习活动评价表

班级：＿＿＿＿＿＿＿＿　　　小组编号：＿＿＿＿＿＿＿＿　　　成绩：＿＿＿＿＿＿＿＿

评价项目	评价内容及评价分值			自评	互评	教师评分
分工合作	优秀（12～15分）	良好（9～11分）	继续努力（9分以下）			
	小组成员分工明确，任务分配合理，有小组分工职责明细表	小组成员分工较明确，任务分配较合理，有小组分工职责明细表	小组成员分工不明确，任务分配不合理，无小组分工职责明细表			
获取与项目有关质量、市场、环保等内容的信息	优秀（12～15分）	良好（9～11分）	继续努力（9分以下）			
	能从网络等多种渠道获取信息，并能合理地选择信息、使用信息	能从网络等多种渠道获取信息，并能较合理地选择信息、使用信息	能从网络等多种渠道获取信息，但信息选择不正确，信息使用不恰当			
实际技能操作	优秀（16～20分）	良好（12～15分）	继续努力（12分以下）			
	能按技能目标要求规范地完成每项实操任务	能按技能目标要求较规范地完成每项实操任务	能按技能目标要求完成每项实操任务，但规范性不够			
基本知识分析讨论	优秀（16～20分）	良好（12～15分）	继续努力（12分以下）			
	讨论热烈，各抒己见，概念准确，原理思路清晰，理解透彻，逻辑性强，并有自己的见解	讨论没有间断，各抒己见，分析有理有据，思路基本清晰	讨论能够展开，分析有间断，思路不清晰，理解不透彻			
成果展示	优秀（24～30分）	良好（18～23分）	继续努力（18分以下）			
	能很好地理解项目的任务要求，成果展示逻辑性强，熟练利用信息技术（电子教室网络、互联网、大屏等）进行成果展示	能较好地理解项目的任务要求，成果展示逻辑性较强，能较熟练利用信息技术（电子教室网络、互联网、大屏等）进行成果展示	基本理解项目的任务要求，成果展示停留在书面和口头表达，不能熟练利用信息技术（电子教室网络、互联网、大屏等）进行成果展示			
总分						

项目四

电子元器件的插装与焊接

项目情境创设

电子元器件的插装与焊接是印制电路板手工装配工艺的基本技能。了解生产企业的焊接技术，熟悉焊点的基本要求和质量验收标准，是保证电子产品质量的关键。本项目主要介绍元器件引脚的加工和插装、手工焊接技术，并在此基础上进一步介绍相关知识。

电子元器件的插装和焊接如图 4-1 所示。

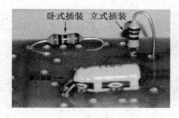
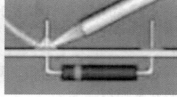

（a）元器件的插装　　　　　　　　　　　　　（b）元器件的焊接

图 4-1　电子元器件的插装和焊接

项目教学目标

	项目教学目标	学　时	教 学 方 式
技能目标	① 掌握元器件引脚的加工方法 ② 掌握元器件的插装方法 ③ 掌握手工焊接和拆卸方法 ④ 掌握贴片元器件的手工焊接方法	8	教师演示，学生练习 重点：元器件引脚的处理方法和焊接方法 教师指导、答疑
知识目标	① 掌握元器件插装的注意事项 ② 掌握焊接质量的检查方法 ③ 掌握焊点的缺陷分析 ④ 掌握印制电路板的插装工艺流程 ⑤ 了解波峰焊和再流焊技术	4	教师讲授、自主探究
情感目标	激发学生对本门课的兴趣，培养信息素养、团队意识		网络查询、小组讨论、相互协作

项目任务分析

本项目通过对常用元器件引脚加工、元器件插装和元器件焊接的技能训练和基本理论知识的学习，使学生掌握常用电子元器件的引脚加工方法和元器件在电路板上的插装方法，掌握常用电子元器件的焊接方法及其理论知识，为后续知识的学习及实践操作打好基础。

项目基本功

4.1 项目基本技能

任务一　元器件的插装

一、元器件引脚的加工

工厂在大批量生产元器件时，其引脚加工成形往往用自动折弯机、手动折弯机等专用设备来完成，但在少量元器件加工或无专用成形机的条件下，为了保证元器件的成形质量和成形的一致性，可使用镊子、尖嘴钳等工具或简易模具来完成。

1. 引脚的校直

元器件的引脚可用尖嘴钳、平口钳或镊子进行简易手工校直，或使用专用设备校直。在校直过程中，不可用力拉扭元器件的引脚，且校直后的元器件也不允许有伤痕。

2. 手工折弯元器件引脚

手工折弯元器件引脚的示意图如图 4-2 所示。用带圆弧的长嘴钳或医用镊子靠近元器件引脚根部，按折弯方向移动引线即可。

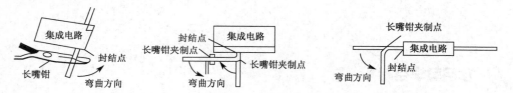

图 4-2　手工折弯元器件引脚的示意图

3. 专用模具折弯元器件引脚

专用模具折弯元器件引脚的示意图如图 4-3 所示。在模具的垂直方向上开有供插入元器件引脚用的长条形孔。将元器件引脚从上方插入成形模的长孔后，再插入成形插杆，引脚即成形，然后拔出成形插杆，将元器件从水平方向移出即可。

4. 折弯成形元器件

折弯成形元器件时，尺寸应符合工艺要求。可用手工或专用模具折弯。常见的元器件引脚加工形状如图 4-4 所示。

（1）图 4-4（a）为卧式安装的折弯成形方法，它要求引脚折弯处距离引脚根部的距离大于或等于 2mm，弯曲半径大于引脚直径的 2 倍（即 $r > 2d$），以减小机械应力，防止引脚折断或被拔出。

（2）图 4-4（b）为立式安装的折弯成形方法，要求 $h > 2\mathrm{mm}$，$A > 2\mathrm{mm}$，r 大于或等于元器件的直径。

（3）图 4-4（c）为集成电路引脚成形的方法。

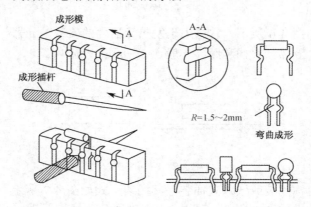

图 4-3　专用模具折弯元器件引脚的示意图

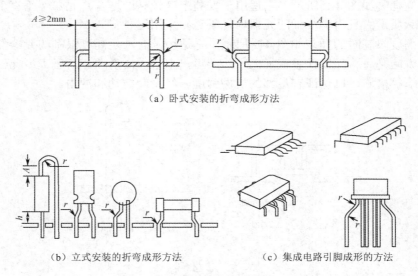

（a）卧式安装的折弯成形方法

（b）立式安装的折弯成形方法　　　（c）集成电路引脚成形的方法

图 4-4　常见的元器件引脚加工形状

二、元器件插装的形式

元器件种类繁多，结构不同，引脚线也多种多样，因此，其插装形式也有差异，但它们都必须由产品的要求、结构特点、装配密度及使用方法等来决定。一般有以下几种插装形式。

（1）贴板插装如图 4-5 所示。它适用于防震要求高的产品。元器件紧贴印制电路板基面，安装间隙小于 1mm。当元器件为金属外壳、安装面又有印制导线时，应加垫绝缘衬垫或套绝缘套管，以防短路。

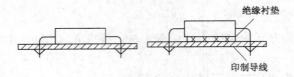

图 4-5　贴板插装

（2）悬空插装如图 4-6 所示。它适用于发热元器件的安装。元器件距印制电路板基面有一定的高度，以便散热。其插装距离一般在 3～8mm 范围内。

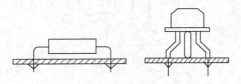

图 4-6　悬空插装

（3）埋头插装也称倒装或嵌入式插装，其插装形式如图 4-7 所示。这种形式将元器件的壳体埋于印制电路板的嵌入孔内，可提高元器件的防震能力，降低安装高度。

（4）直立插装如图 4-8 所示。它适用于安装密度较高的场合。元器件垂直于印制电路板基面。但对质量大且引脚线细的元器件，不适宜采用这种形式。

（5）有高度限制时的插装如图 4-9 所示。它适用于有一定高度限制的元器件的安装。通常的处理方法是先将元器件垂直插入，然后再沿水平方向弯曲。对于大型元器件，应采用胶粘、捆绑等措施，以保证有足够的机械强度，经得起震动和冲击。

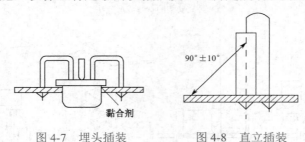

图 4-7　埋头插装　　　　　图 4-8　直立插装

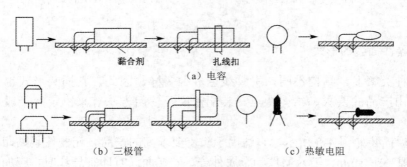

图 4-9　有高度限制时的插装

（6）支架固定插装如图 4-10 所示。它适用于小型继电器、变压器等质量较大的元器件。

一般先用金属支架将它们固定在印制电路板上，然后再焊接。

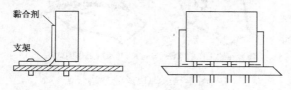

图 4-10　支架固定插装

任务二　手工焊接技术

在手工制作产品、设备维修中，手工焊接技术仍是主要的焊接方法，它是焊接工艺的基础。在正确地掌握焊接的坐姿、电烙铁的握法和焊锡丝的拿法等基本要领的基础上，按照要求对元器件进行"一刮"、"二镀"、"三测"等工序后，即可以运用手工焊接的方法进行"四焊"的工序。

一、手工焊接的准备

1．焊接的坐姿、电烙铁的握法及焊锡丝的拿法

1）焊接的坐姿

一般应坐着焊接，挺胸端坐，切勿弯腰，鼻尖到烙铁头的位置至少应保持 20cm 以上的距离，通常以 40cm 为宜（距烙铁头 20～30cm 处的有害化学气体、烟尘的浓度是卫生标准所允许的）。

2）电烙铁的握法

电烙铁的握法一般有 3 种。

（1）第 1 种是反握式，如图 4-11（a）所示。反握式不太常用。

（2）第 2 种是正握式，如图 4-11（b）所示。通常使用大功率电烙铁时采用这种握法，烙铁头为弯形，它适合于大型电子设备的焊接。

（3）第 3 种握笔式是常见的握法，如图 4-11（c）所示。这种握法使用的电烙铁的烙铁头一般是直型的，适合于小型电子设备和印制电路板的焊接。

3）焊锡丝的拿法

焊锡丝的拿法分两种。

（1）一种是连续工作的拿法，如图 4-12（a）所示，即用左手的拇指、食指和中指夹住焊锡丝，用另外两个手指配合就能把焊锡丝连续向前送进，适用于连续焊接。

（2）另一种是断续工作的拿法，如图 4-12（b）所示，焊锡丝通过左手的虎口，用大拇指和食指夹住。这种拿法不能连续向前送进焊锡丝，适用于断续焊接。

（a）反握式　　　　　　（b）正握式　　　　　　（c）握笔式

图 4-11　电烙铁的握法

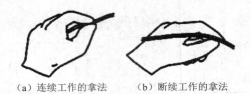

（a）连续工作的拿法   （b）断续工作的拿法

图 4-12   焊锡丝的拿法

2. 焊接前的准备

根据实际经验的积累，常把手工焊接的过程归纳成 8 个字：一刮、二镀、三测、四焊。而"刮"、"镀"、"测"等步骤是焊接前的准备过程。

1）刮

刮是指处理焊接对象的表面。元器件引线一般都镀有一层薄薄的锡料，但时间一长，引线表面会产生一层氧化膜而影响焊接，所以焊接前先要用刮刀将氧化膜去掉。

注意事项：

（1）清洁焊接元器件引线，可使用废锯条做成的刮刀，如图 4-13（a）所示。焊接前，应先刮去引线上的油污、氧化层或绝缘漆，直到露出紫铜表面，使其表面不留一点儿脏物，如图 4-13（b）所示。此步骤也可采用细砂纸打磨的方法。

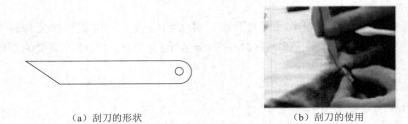

（a）刮刀的形状   （b）刮刀的使用

图 4-13   刮刀的形状及使用

（2）对于有些镀金、镀银的合金引出线，因为其基材难于搪锡，所以不能把镀层刮掉，可用粗橡皮擦去表面的脏物。

（3）元器件引线根部留出一小段不刮，以免引线根部被刮断。

（4）对于多股引线，也应逐根刮净，刮净后将多股线拧成绳状。

2）镀

镀是指对被焊部位镀锡。首先将刮好的引线放在松香上，然后用烙铁头轻压引线，往复摩擦，连续转动引线，使引线各部分均匀镀上一层锡。

注意事项：

（1）引线进行清洁处理后，应尽快镀锡，以免表面重新被氧化。

（2）镀锡前应将引线先蘸上助焊剂。

（3）对多股引线镀锡时，导线一定要拧紧，防止镀锡后直径增大不易焊接或穿管。

3）测

测是指对镀过锡的元器件进行检查，看其经电烙铁高温加热后是否损坏。元器件的具体测量方法详见项目二中相关内容。

二、手工焊接操作过程

手工焊接操作要掌握好电烙铁的温度与焊接时间，并选择恰当的烙铁头和焊点的接触位置，才可能得到良好的焊点。正确的手工焊接操作过程可以分成 5 个步骤，如表 4-1 所示。

表 4-1　手工焊接操作过程的 5 个步骤

步骤	图示	方法
准备施焊	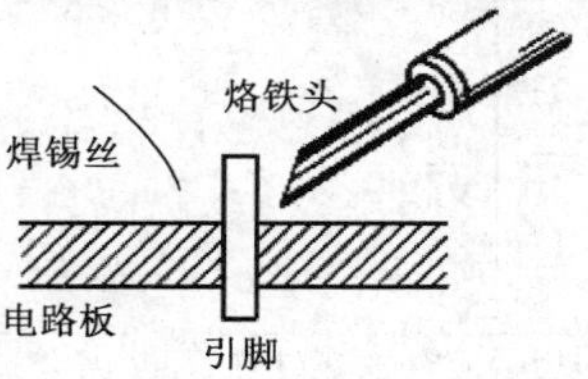	准备好被焊元器件，将电烙铁加热到工作温度，烙铁头保持干净并吃好锡，一手握好电烙铁，一手拿好焊锡丝
加热焊件	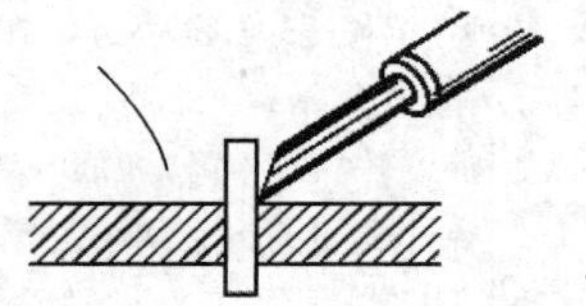	烙铁头移向焊接点，烙铁头接触被焊元器件，使包括被焊元器件端子和焊盘在内的整个焊件全体均匀受热。一般让烙铁头部分（较大部分）接触热容量较大的焊件，烙铁头侧面或边缘部分接触热容量较小的焊件，以保证焊件均匀受热，不要施加压力或随意拖动电烙铁
送入焊锡丝	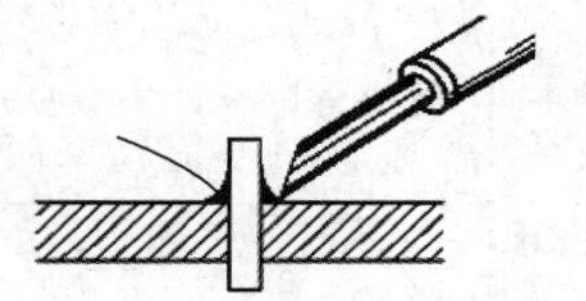	当被焊部位升温到焊接温度时，送上焊锡丝并与元器件焊点部位和焊盘接触，熔化并润湿焊点。焊锡丝应从电烙铁对面接触焊件。送锡量要合适，一般以能全面润湿整个焊点为佳。如果焊锡堆积过多，内部就可能掩盖着某种缺陷隐患，而且焊点的强度也不一定高；但如果焊锡填充得太少，就会有焊点不够饱满、焊接强度较低的缺陷
移开焊锡丝	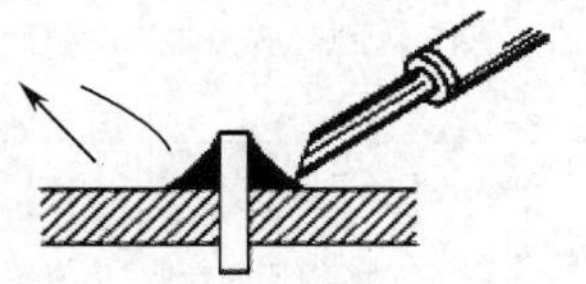	当焊锡丝熔化到一定量以后，迅速移去焊锡丝
移开电烙铁	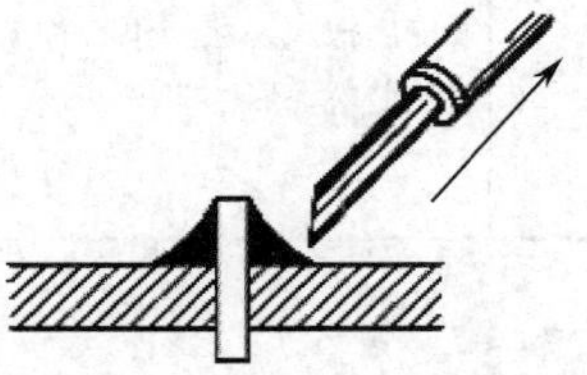	移去焊锡丝后，随后移去电烙铁。电烙铁撤离方向会影响焊锡的留存量，一般以与轴向成 45° 角的方向撤离。撤掉电烙铁，应往回收，回收动作要干脆、熟练，以免形成拉尖；收电烙铁的同时，应轻轻旋转一下，这样可以吸收多余的焊料

三、焊件的拆卸

在维修过程中，对元器件的拆卸在所难免，不同的元器件或焊点的拆卸方法也各不相同。拆焊方法和注意事项如表 4-2 所示。

表 4-2　拆焊方法和注意事项

元器件或焊点类型	拆焊方法	注意事项
引线焊点拆焊	首先用烙铁头去掉焊锡，然后用镊子撬起引线并抽出。若引线用缠绕的焊接方法，则要将引线用工具拉直后再抽出	撬、拉引线时不要用力过猛，也不要用烙铁头乱撬，要先弄清引线的方向。注意拆焊时加热时间不要过长，避免引线绝缘层损坏

续表

元器件或焊点类型		拆焊方法	注意事项
引脚不多的元器件拆焊		采用分点拆焊法，用电烙铁直接进行拆焊。一边用电烙铁对焊点加热至焊锡熔化，一边用镊子夹住元器件的引线，轻轻地将其拉出来，如图4-14所示。对印制电路板上的原焊点位置进行清理，整理拆出的导线端头，调直元器件的引线，以备重新焊接	这种方法不宜在同一焊点上多次使用，因为印制电路板上的铜箔经过多次加热后很容易与绝缘板脱离而造成电路板的损坏
有塑料骨架的元器件的拆焊		因为这些元器件的骨架不耐高温，所以可以采用间接加热拆焊法。拆焊时，先用电烙铁加热除去焊点焊锡，露出引线的轮廓，再用镊子或捅针挑开焊盘与引线间的残留焊锡，最后用电烙铁对已挑开的个别焊点加热，待焊锡熔化时，趁热拔下元器件	不可长时间对焊点加热，防止塑料骨架变形
焊点密集的元器件的拆焊	采用空心针管	使用电烙铁除去焊点焊锡，露出引脚的轮廓。选用直径合适的空心针管，将针孔对准焊盘上的引脚，待电烙铁将焊锡熔化后迅速将针管插入电路板的焊孔并左右旋转，这样元器件的引线便和焊盘分开了，如图4-15所示 优点：引脚和焊点分离彻底，拆焊速度快，很适合体积较大的元器件和引脚密集的元器件的拆焊 缺点：不适合如双联电容引脚呈扁片状元器件的拆焊，不适合像导线这样不规则引脚的拆焊	① 选用针管的直径要合适。直径小了，引脚插不进去；直径大了，在旋转时很容易使焊点的铜箔和电路板分离而损坏电路板 ② 在拆焊中周、集成电路等引脚密集的元器件时，应首先使用电烙铁除去焊点焊锡，露出引脚的轮廓，以免连续拆焊过程中残留焊锡过多而对其他引脚拆焊造成影响 ③ 拆焊后，若有焊锡将引线插孔封住，则可用捅针将其捅开
	采用吸锡器	吸锡器本身不具备加热功能，它需要与电烙铁配合使用。拆焊时，先用电烙铁对焊点进行加热，待焊锡熔化后撤去电烙铁，再用吸锡器将焊点上的焊锡吸除，如图4-16所示	撤去电烙铁后，吸锡器要迅速地移至焊点吸锡，避免焊点再次凝固而导致吸锡困难
	采用吸锡绳	使用电烙铁除去焊点焊锡，露出引线的轮廓。将在松香中浸过的吸锡绳贴在待拆焊点上，用电烙铁加热吸锡绳，通过吸锡绳将热量传导给焊点熔化焊锡，待焊点上的焊锡熔化并吸附在吸锡绳上后，提起吸锡绳。如此重复几次即可把焊锡吸完，如图4-17所示。此方法在高密度焊点拆焊操作中具有明显的优势	吸锡绳可以自制，方法是将多股胶质电线去皮后拧成绳状（不宜拧得太紧），再加热吸附上松香焊剂即可

图4-14　用镊子拉出元器件引线

图4-15　采用空心针管拆焊

图4-16　采用吸锡器拆焊

图4-17　采用吸锡绳拆焊

四、贴片元器件的手工焊接

随着科学技术的发展，自动焊接技术已相当成熟，手工焊接虽然已难于胜任现代化的生产，但仍有广泛的应用，如小批量的产品研制、实习套件的组装、电路板的调试和维修。手工焊接质量的好坏也直接影响到维修效果。

1. 焊接工具

手工焊接贴片元器件比焊接通孔元器件更具有挑战性，因为贴片元器件有更小的引脚间距和更多的引脚数。操作者除了应具有相当的技能外，还应配备合适的工具。贴片元器件手工焊接的常用焊接工具如图 4-18 所示。

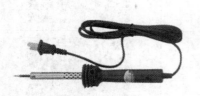　　

（a）尖头电烙铁（外热式电烙铁）　　　　（b）恒温焊台　　　　（c）热风枪

图 4-18　贴片元器件手工焊接的常用焊接工具

2. 贴片元器件的手工焊接方法

贴片元器件的手工焊接方法很多，这里仅介绍尖头电烙铁的手工焊接方法。

（1）一些贴片元器件的引脚较少，如电阻、电容、三极管等，它们的手工焊接方法如表 4-3 所示。

表 4-3　引脚较少的贴片元器件的手工焊接方法

步　骤	说　明	图　示
1	在元器件安装位置的一个焊盘上熔上少量的焊锡（只需非常少量）	
2	用镊子抓紧元器件向下推，同时用电烙铁加热 PCB 焊盘上已覆盖的焊锡使其熔化，将元器件和焊盘焊接在一起，然后移开电烙铁，使焊盘冷却 观察元器件位置是否合适，如果不合要求，则需重新调整位置；如果位置合适，则再进行下一步	
3	调节电路板方向，用电烙铁触及 PCB 焊盘和元器件的引脚，添加焊锡，使焊盘和引脚连接 检测焊接结果，若焊锡偏多，则需用电烙铁取走一些焊锡；若焊锡偏少，则加一点儿焊锡	

（2）贴片集成电路的焊接难度较大，特别是集成电路的引脚和印制电路板的焊盘位置相对应的过程难度较大，由于集成电路的引脚较小且密集，焊接时注意不要短路。贴片集成电路的手工焊接方法如表 4-4 所示。

表 4-4　贴片集成电路的手工焊接方法

步　骤	说　　明	图　示
1	在 PCB 上安装集成电路的位置的一个容易触及的焊盘上，上少量的焊锡（通常选择一个末端位置）	
2	将集成电路放在焊盘上，调整位置使引脚与焊盘对准	
3	焊接已上焊锡的引脚	
4	在已焊好引脚的对角方向再焊接一个引脚，以固定集成电路的位置	
5	仔细观察集成电路的所有引脚是否和焊盘位置相吻合，如果位置有偏差，需重新调整	
6	焊接所有引脚，注意焊接引脚不要短路	

贴片元器件的手工焊接技术性很强，需进行勤奋练习，同时需要掌握一定的焊接技巧，互联网上相关的视频和教程很多，请读者自行上网学习相关知识。

4.2　项目基本知识

知识点一　元器件插装的注意事项

一、电容的插装

（1）插装陶瓷电容时，要注意其耐压级别和温度系数。

（2）插装可变电容、微调电容时，会遇到极性问题，要注意让接触人体的动片那一极接高频地电位焊盘，不能颠倒，否则，调节时人体附加上去的分布电容将会使得调节无法进行。

（3）插装有机薄膜介质的可变电容时，要将动片全部旋入后再焊接，要尽量缩短焊接的时间。

（4）插装铝电解电容、钽电解电容时，其极性不能接反，否则，将会增大损耗。尤其是铝电解电容，极性接反将会使其急剧发热，甚至引起鼓泡、爆炸。

二、二极管、三极管的插装

二极管的引脚有正、负极之分，插装时不能插反。插装各种三极管时，要注意分辨它们的型号、引脚次序（极性），并防止在插装、焊接的过程中对它们造成损伤。

三、电位器的插装

电位器从结构上可以分为旋轴式和直线推拉式两种。它们在外形上没有区别，完全靠标注来区分，因此，插装时不要搞混，必要时可以通过仪表测试来分辨。

四、继电器的插装

插装继电器时，要注意区分其规格、型号，核对驱动线圈的工作电压值、欧姆数和触点的荷载能力，以及分辨动合触点与动断触点的引脚位置。小继电器驱动绕组的线径很细，其与引脚相接的部位易出问题，因此要注意保护。凡是继电器都不宜插装在有强磁场或强震动的地方。

五、集成电路的插装

插装集成电路时，应该注意拿取时必须确保人体不带静电，最好戴上防静电护腕和防静电手套操作。焊接时，必须确保电烙铁不漏电，必要时可以采用临时拔掉电烙铁电源插头来焊接的办法。

知识点二　焊接质量的检查

一、焊点的质量要求

焊点的质量要求分为外观要求和技术要求。

1. 焊点的外观要求

一个高质量的焊点从外观上看，应具有以下特征。

（1）形状以焊点的中心为界，左右对称，焊点呈内弧形。

（2）焊料量均匀适当，锡点表面圆满、光滑，无针孔，无松香渍，无毛刺和针孔。

（3）润湿角小于 30°。

2. 焊点的技术要求

焊点在技术上应满足以下几个方面的要求。

（1）具有一定的机械强度。为了保证焊件在受到震动或冲击时，不出现松动现象，要求焊点有足够的机械强度，但不能使用过多的焊锡，且应避免出现焊锡堆积和桥焊的现象。

（2）保证其良好、可靠的电气性能。由于电流要流经焊点，所以为了保证焊点具有良好的导电性，必须防止虚、假焊。出现虚、假焊时，焊锡与焊件表面没有形成合金，只是依附在焊件金属表面，会导致焊点的接触电阻增大，影响整机的电气性能，有时还会使电路中出现时断时通的现象。

（3）具有一定的大小合适、光泽正常和清洁美观的表面。焊点的外观应美观、光滑、圆滑、整齐、均匀，焊锡应充满整个焊盘并与焊盘大小比例适中。

二、手工焊点的外观检查

手工焊点的外观检查可分为目视检查和手触检查两种。

1. 目视检查

目视检查就是从外观上检查焊点有无焊接缺陷，可以从以下几个方面进行检查。

（1）焊点是否均匀，表面是否光滑、圆润。

（2）焊锡是否充满焊盘，焊锡有无过多、过少现象。

（3）焊点周围是否有残留的助焊剂和焊锡。

（4）是否有错焊、漏焊、虚焊、假焊现象。

（5）是否有桥焊、焊点不对称、拉尖等现象。

（6）焊点是否有针孔、松动、过热等现象。

（7）焊盘有无脱落现象，焊点有无裂缝现象。

2. 手触检查

在外观检查的基础上，采用手触检查，主要是检查元器件在印制电路板上有无松动、焊接是否牢靠、有无机械损伤。可用镊子轻轻拨动焊点看有无虚、假焊，或夹住元器件的引线轻轻拉动看有无松动现象。

4.3 项目知识拓展

知识拓展一 印制电路板的插装工艺流程

根据电子整机产品的生产性质、生产批量、设备条件等情况的不同，采用的印制电路板插装工艺也不同。常用的印制电路板插装工艺有手工和自动两类。

一、手工插装工艺流程

在产品的样机试制阶段或小批量生产时，印制电路板的元器件插装主要靠手工操作完成，即操作者把散装的元器件逐个插装到印制电路板上，其操作顺序是：待装元器件→引脚成形→插装→调整位置→剪切引脚→检验。

这种操作方式需要每个操作者都从头装到结束，效率低，而且容易出现差错。对于设计稳定、大批量生产的产品，宜采用流水线插装，这样可以提高生产效率，减少差错，提高产品合格率。

流水线插装具体是指把一次复杂的工作分成若干道简易的工序，每个操作者在规定的时间内完成指定的工作量（一般限定每人插装约 6 个元器件）。

二、自动插装工艺流程

手工插装使用灵活、方便，广泛用于各道工序和各种场合，但其速度慢，易出差错，效率低，不适宜现代化生产的需要，尤其对设计稳定、产量大和装配工作量大而元器件又无须选配的产品而言，常用自动插装方式。印制电路板的自动插装工艺流程如图 4-19 所示。

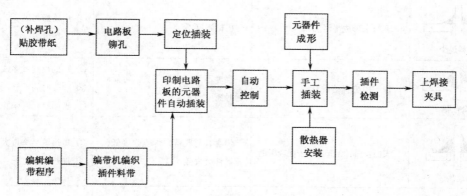

图 4-19　印制电路板的自动插装工艺流程

自动插装对设备要求高，对元器件的供料形式也有一定的限制。自动插装的步骤、方法及有关要求如下。

（1）不是所有的元器件都可以进行自动插装，一般要求进行自动插装的元器件的外形和尺寸尽量简单一致，方向易于识别。在自动插装后，一般仍需要手工插装不能自动插装的元器件。

（2）在自动插装过程中，要求元器件的排列取向沿着 X 轴或 Y 轴。

（3）自动插装需要编辑编带程序。编带程序应反映各元器件的插装路线。

（4）编带机编织插件料带，即在编带机上将编带程序输入编带机的控制计算机，根据计算机发出的指令，把编带机料架上放置的不同规格的元器件带料自动编织成以插装路线为顺序的料带。

（5）元器件的自动插装，即将编织好的元器件料带放置在自动插装机料带架上，将印制电路板放置在插装机 X-Y 旋转工作台上，再将已编织好的元器件插装程序输入插装机的计算机中，最后由计算机控制插装机将元器件一个一个地插装到印制电路板上。

（6）在自动插装过程中，印制电路板的传递、插装、检测等工序，都由计算机按程序进行。

印制电路板插装完毕后，即可进行焊接。

知识拓展二　焊点缺陷分析

由于焊接技术水平不同、焊接材料质量不一、焊接时的责任心不同，所以焊接过程中往往存在这样或那样的焊接质量问题。常见的焊点缺陷及其产生的原因如表 4-5 所示。

表 4-5　常见的焊点缺陷及其产生的原因

焊点缺陷	外观现象	危害	焊点缺陷产生的原因
焊料过多	焊料面成凸形	浪费焊料，且可能隐藏缺陷	① 焊锡撤离过迟 ② 上料过多
焊料过少	焊料未形成平滑面	机械强度不足	① 焊锡撤离过早 ② 上料过少
松香焊	焊点中央有松香渣	强度不足，接触不良，可能时通时断	① 加助焊剂过多或已失效 ② 加热时间不够，加热不足 ③ 表面氧化膜未除去
过热	表面发白、无光泽，表面较粗糙	焊盘容易脱落，焊点强度低，元器件会失效	① 电烙铁功率过大 ② 加热时间过长
冷焊	表面呈豆腐渣状颗粒，有时有裂纹	会存在导电性不好的现象	① 加热不足 ② 焊料未凝固时焊件抖动
虚焊	焊料与焊件交界面接触角过大，不平滑	强度低，不通或时断时通	① 焊件清理不净 ② 助焊剂不足或质量差 ③ 焊件未充分加热
不对称	焊料未流满焊盘	强度不足	① 焊料流动性不好 ② 助焊剂不足或质量差 ③ 加热不足
松动	导线或元器件可移动	导通不良或不导通	① 焊锡未凝固时移动引脚 ② 引脚浸润不良或未浸润 ③ 加热不足

续表

焊点缺陷	外观现象	危害	焊点缺陷产生的原因
拉尖	焊点出现尖端或毛刺	外观不佳,或易引起桥接,会产生夹断放电而引起短路	① 焊接时间过长 ② 移开电烙铁角度不当
桥接	相邻导线搭接	电路短路	① 焊锡过多 ② 电烙铁撤离方向不当

知识拓展三 波峰焊和再流焊工艺

一、波峰焊工艺

波峰焊工艺是指将熔化的液态焊料借着机械或电磁泵的作用,在焊料槽液面形成特定形状的焊料波峰,再将插装了元器件的印制电路板置于传送链上,以某一特定的角度、一定的浸入深度和一定的速度穿过焊料波峰而实现焊点焊接的过程,如图 4-20 所示。

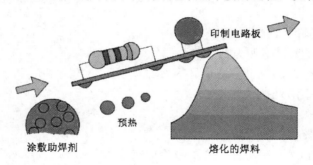

图 4-20 波峰焊示意图

波峰焊采用波峰焊机一次完成印制电路板上全部焊点的焊接。波峰焊机如图 4-21 所示,它由运输带、助焊剂添加区、预热区和锡炉组成。运输带的主要用途是将电路底板送入波峰焊机,沿途经助焊剂添加区、预热区、锡炉等。助焊剂添加区主要由红外线感应器及喷嘴组成。红外线感应器的作用是感应有没有电路底板进入,如果有,它便会量出电路底板的宽度。助焊剂的作用是在电路底板的焊接面上形成保护膜。预热区提供足够的温度,以便形成良好的焊点。锡炉内有发热线、锡泵,用于熔化焊锡并形成锡峰。

图 4-21 波峰焊机

二、再流焊工艺

再流焊工艺是指把含有助焊剂的膏状焊料涂布在印制电路板的焊接部位上，然后用贴装机安装表面贴装元器件，并进行干燥处理。膏状焊料由锡铅焊料粉末加液状的载体配制而成。载体含有助焊剂、黏合剂及溶剂等成分，起助焊作用并控制焊接的流动特性。焊接时，使膏状焊料受热，在液状载体中再次出现熔化流动的液状焊料时完成焊接，因此将这种焊接称为再流焊。

再流焊的加热方法有很多，有气相加热、红外加热和激光加热等。气相加热再流焊是利用高沸点惰性液体 [如全氟化三戊基胺（FC-70），沸点为 215℃，比焊料熔点高 30℃左右] 的饱和蒸气遇印制电路板冷却凝固所释放出来的热量加热焊料，使焊料再流，完成焊接的工艺。这种方法的热转换效率高，可在 10～40s 内使焊料熔化。

 项目评估检查

一、思考题

1．引脚加工需要经过哪些步骤？
2．元器件插装的形式有哪几种？
3．焊接前需要对元器件引脚进行哪些处理？
4．五步手工焊接法是指哪五步？
5．拆焊方法有哪些？
6．简述贴片元器件的手工焊接方法。
7．简述焊件拆卸时常采用什么方法吸除焊锡。
8．常见的焊点缺陷有哪些？

二、技能训练

将学生根据情况分组，进行如下训练。

（一）元器件的引脚加工和插装训练

1．训练目标

（1）熟练掌握元器件引脚的加工要求、标准、方法和技能。

（2）掌握元器件的插装形式和工艺要求。

2．训练器材

（1）镊子、小螺丝刀、尖嘴钳、引脚成形模具等。

（2）电阻、二极管、三极管、极性电容、非极性电容等若干，黏合剂、绑扎线、金属支架适量，印制电路板一块。

3．训练内容

1）电阻、电容、二极管引脚的加工

电阻、电容、二极管引脚的加工方法相同。参考图 4-2 或图 4-3，选用适当的工具，并按照图 4-4（a）、（b）的工艺要求对其引脚进行加工。

2）三极管引脚的加工

按照图 4-22 的工艺要求，选用适当的工具将三极管的 3 个电极引脚分别整理成一定的角度，并根据需要将中间引脚向前或向后弯曲成一定角度，使之符合印制电路板的安装孔距要求。

图 4-22　常见三极管引脚的加工示意图

3）元器件的插装

依据元器件插装的工艺要求，并参考图 4-5、图 4-6、图 4-7、图 4-8、图 4-9、图 4-10，在印制电路板上对引脚成形的元器件进行贴板插装、悬空插装、埋头插装、直立插装、有高度限制时的插装和支架固定插装。

（二）手工焊接和拆卸的方法训练

1．训练目标

巩固元器件插装的工艺要求，熟练掌握五步手工焊接法的焊接要领，巩固电烙铁的使用，掌握元器件的手工焊接、拆卸的技能。

2．训练器材

（1）工具和用品：电烙铁、焊锡丝、松香助焊剂、无水酒精、偏口钳、尖嘴钳、镊子、小螺丝刀、空心针、吸锡器、防静电手腕或防静电手套、铜编织带（网）等。

（2）元器件：针脚式的电阻、电容、三极管、集成电路插座若干，其中电阻的数量可多一些。因为集成电路的成本高，所以可用插座代替集成电路。

（3）印制电路板 1 或 2 块（可用工厂生产的废印制电路板）。

3．训练内容

1）焊接练习

利用废旧的电阻，依据五步焊接法在印制电路板上练习焊接技能。

2）印制电路板上元器件的焊接

首先按照任务一的要求对元器件进行引脚加工，并在印制电路板上进行插装（也可使用任务一中加工插装过元器件的印制电路板），然后按照焊接工艺要求完成元器件的焊接。最后所交的焊接作业中至少应包含以下焊接内容。

（1）插装、焊接卧式贴板的电阻 10 个。

（2）插装、焊接电位器 5 个。

（3）插装、焊接瓷片、涤纶电容等非极性电容 10 个。

（4）插装、焊接三极管 10 个。

（5）插装、焊接立式电阻 10 个。

（6）插装、焊接极性电容 10 个。

（7）插装、焊接双排直列 16 芯集成电路插座 5 个。

3）元器件的拆卸

对上述焊接完毕的印制电路板，利用多种拆焊工具进行拆卸练习。

（1）用铜编织网拆卸电阻、电容。

（2）用气囊吸锡器和吸锡电烙铁拆卸三极管和电位器。

（3）用空心针拆卸集成电路插座。

（三）贴片元器件的焊接和拆卸训练

1．训练目标

熟练掌握表面贴装技术手工焊接的基本步骤、方法和工艺要求，以及拆卸的技能。

2．训练器材

（1）工具和用品：恒温电烙铁、细焊锡丝、松香焊锡膏、酒精、热风枪、镊子、防静电手腕或防静电手套、铜编织带（网）、放大镜等。

（2）元器件：贴片式的电阻、电容、二极管、三极管、集成电路若干。

（3）印制电路板 1 或 2 块（可用工厂生产的废印制电路板）。

3．训练内容

分别用电烙铁和热风枪按照贴片元器件的手工焊接和拆卸方法，在印制电路板上焊接贴片元器件，然后再拆卸此类元器件。如此反复练习，用最好的一次结果参与技能评价。

三、项目评价评分表

1．自我评价、小组互评及教师评价

评价项目	项目评价内容	分　值	自我评价	小组互评	教师评价	得　分
实操技能	① 元器件引脚的加工方法	15				
	② 元器件的插装方法	15				
	③ 手工焊接和拆卸方法	15				
	④ 贴片元器件的手工焊接方法	15				
理论知识	① 元器件插装的注意事项	5				
	② 焊接质量的检查方法	5				
	③ 焊点的缺陷分析	5				
	④ 印制电路板的插装工艺流程	5				
	⑤ 了解波峰焊和再流焊技术	5				
安全文明生产和职业素质培养	① 出勤、纪律	5				
	② 工具的摆放和维护	5				
	③ 团队协作精神、卫生情况	5				

2．小组学习活动评价表

班级：_____　　　小组编号：_____　　　成绩：_____

评价项目	评价内容及评价分值			自评	互评	教师评分
分工合作	优秀（12～15 分）	良好（9～11 分）	继续努力（9 分以下）			
	小组成员分工明确，任务分配合理，有小组分工职责明细表	小组成员分工较明确，任务分配较合理，有小组分工职责明细表	小组成员分工不明确，任务分配不合理，无小组分工职责明细表			
获取与项目有关质量、市场、环保等内容的信息	优秀（12～15 分）	良好（9～11 分）	继续努力（9 分以下）			
	能从网络等多种渠道获取信息，并能合理地选择信息、使用信息	能从网络等多种渠道获取信息，并能较合理地选择信息、使用信息	能从网络等多种渠道获取信息，但信息选择不正确，信息使用不恰当			
实际技能操作	优秀（16～20 分）	良好（12～15 分）	继续努力（12 分以下）			
	能按技能目标要求规范地完成每项实操任务	能按技能目标要求较规范地完成每项实操任务	能按技能目标要求完成每项实操任务，但规范性不够			
基本知识分析讨论	优秀（16～20 分）	良好（12～15 分）	继续努力（12 分以下）			
	讨论热烈，各抒己见，概念准确，原理思路清晰，理解透彻，逻辑性强，并有自己的见解	讨论没有间断，各抒己见，分析有理有据，思路基本清晰	讨论能够展开，分析有间断，思路不清晰，理解不透彻			
成果展示	优秀（24～30 分）	良好（18～23 分）	继续努力（18 分以下）			
	能很好地理解项目的任务要求，成果展示逻辑性强，熟练利用信息技术(电子教室网络、互联网、大屏等）进行成果展示	能较好地理解项目的任务要求，成果展示逻辑性较强，能较熟练利用信息技术（电子教室网络、互联网、大屏等）进行成果展示	基本理解项目的任务要求，成果展示停留在书面和口头表达，不能熟练利用信息技术（电子教室网络、互联网、大屏等）进行成果展示			
总分						

项目五

电子电路图和技术文件的识读

 项目情境创设

　　电子电路图是一种反映无线电和电子设备中各元器件的电气连接情况的图纸。通过对电子电路图的分析和研究，我们就可以了解无线电和电子设备的电路结构和工作原理。因此，识读电子电路图是学习电子整机装配的一项重要内容，是进行电子制作或维修的前提，也是电子技术专业学生必须掌握的基本功。通常一个完整的电子电路图包含电路方框图、电路原理图和印制电路板图。以调光台灯为例，其电子电路图如图5-1所示。

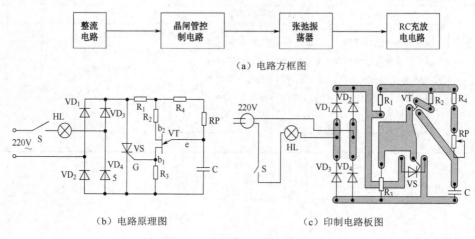

图 5-1　调光台灯的电子电路图

 项目教学目标

	项目教学目标	学　时	教 学 方 式
技能目标	① 掌握电路方框图和电路原理图的识读方法 ② 掌握印制电路板图的识读方法 ③ 掌握技术文件的识读方法	10	教师演示，学生识读 重点：电路方框图、电路原理图、印制电路板图、技术文件的识读方法 教师指导、答疑

续表

项目教学目标		学　时	教 学 方 式
知识目标	① 掌握常用电路符号的识读 ② 掌握识读电路原理图的基本内容 ③ 掌握电路原理图与印制电路板图之间的区别与联系 ④ 掌握设计文件的基本知识与工艺文件的编制	8	教师讲授、自主探究
情感目标	激发学生对本门课的兴趣，培养信息素养、团队意识		网络查询、小组讨论、相互协作

 项目任务分析

本项目通过对电子电路图和技术文件识读的学习，使学生掌握电路方框图、电路原理图和印制电路板图的识读方法与技巧，了解设计文件与工艺文件的常规格式，为后续知识的学习及实践操作打好基础。

 项目基本功

 ## 5.1　项目基本技能

任务一　电路方框图和电路原理图的识读

一、电路方框图的识读

图 5-2 所示是一个两级音频信号放大系统的电路方框图。从图中可以看出，这一系统电路主要由信号源电路、第一级放大器电路、第二级放大器电路和负载电路构成。通过这个方框图也可以知道，这是一个两级放大器电路。

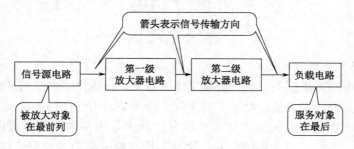

图 5-2　两级音频信号放大系统的电路方框图

1. 电路方框图的种类

电路方框图的种类较多，主要有 3 种：整机电路方框图、系统电路方框图和集成电路内电路方框图。

1）整机电路方框图

整机电路方框图是表达整机电路的方框图，也是众多方框图中最为复杂的方框图。关于整机电路方框图，主要说明下列几点。

（1）从整机电路方框图中可以了解到整机电路的组成和各部分单元电路之间的相互关系。

（2）在整机电路方框图中，通常在各个单元电路之间用带有箭头的连线进行连接，通过图中的这些箭头方向，还可以了解到信号在整机各单元电路之间的传输途径等。

（3）有的用一张方框图表示整机电路结构情况，而有些机器的整机电路方框图比较复杂，则将整机电路方框图分成几张。

（4）并不是所有的整机电路在图册资料中都给出整机电路方框图，但是同类型的整机电路，其整机电路方框图基本上是相似的，所以，利用这一点，可以借助其他整机电路方框图了解同类型整机电路组成等情况。

（5）整机电路方框图不仅是分析整机电路工作原理的有用资料，更是故障检修中逻辑推理、建立正确检修思路的依据。

2）系统电路方框图

一个整机电路通常由许多系统电路构成，系统电路方框图的就是用方框图的形式来表示系统电路的组成等情况，它是整机电路方框图下一级的方框图，往往系统电路方框图比整机电路方框图更加详细。图 5-3 所示是组合音响中收音系统电路方框图。

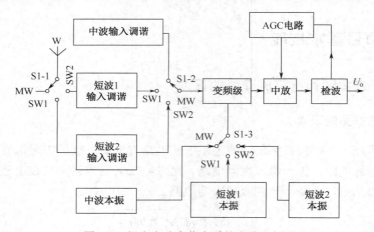

图 5-3　组合音响中收音系统电路方框图

3）集成电路内电路方框图

集成电路内电路方框图是一种十分常见的方框图。集成电路内电路的组成情况可以用集成电路内电路方框图来表示。由于集成电路十分复杂，因此在许多情况下用集成电路内电路方框图来表示集成电路的内电路组成情况。从集成电路内电路方框图中可以了解到集成电路的组成、有关引脚作用等信息，这对分析该集成电路的应用电路是十分有用的。

图 5-4 所示是某型号收音机中放集成电路内电路方框图。从这一集成电路内电路方框图中可以看出，该集成电路内电路由本机振荡器电路，第一、二、三级中频放大器电路和检波器电路组成。

重要提示：集成电路一般引脚比较多，内电路功能比较复杂，所以在进行电路分析时，集成电路内电路方框图是很有帮助的。

2. 电路方框图的功能

电路方框图的功能主要体现在以下两个方面。

（1）表达了众多信息。粗略表达了某复杂电路（可以是整机电路、系统电路和功能电路等）的组成情况，通常是给出这一复杂电路的主要单元电路的位置、名称，以及各部分单元电路之间的连接关系（如前级和后级的关系）等信息。

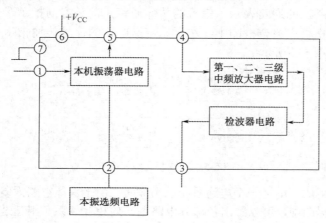

图 5-4　某型号收音机中放集成电路内电路方框图

（2）表达了信号的传输方向。电路方框图表达了各单元电路之间的信号传输方向，从而使识图者能了解信号在各部分单元电路之间的传输次序；根据电路方框图中所标出的电路名称，识图者可以知道信号在这一单元电路中的处理过程，为分析具体电路提供了指导性的信息。例如，图 5-2 所示的电路方框图给出了这样的识图信息：信号源输出的信号首先加到第一级放大器中放大（信号源电路与第一级放大器电路之间的箭头方向提示了信号的传输方向），然后送入第二级放大器中放大，再激励负载。

重要提示：电路方框图是一张重要的电子电路图，特别是在分析集成电路的应用电路、复杂的系统电路，了解整机电路的组成情况时，没有电路方框图将给识图带来诸多不便和困难。

3. 电路方框图的特点

提出电路方框图的概念主要是为了识图的需要。了解电路方框图的下列一些特点对识图、修理都具有重要意义。

（1）电路方框图简明、清楚，可方便地看出电路的组成和信号的传输方向、途径，以及信号在传输过程中经过的处理过程等，如信号是得到了放大还是受到了衰减。

（2）由于电路方框图比较简洁，且逻辑性强，因此便于记忆，同时它所包含的信息量大，这就使得电路方框图更为重要。

（3）电路方框图有简明的，也有详细的，电路方框图越详细，为识图提供的有益信息就越多。在各种电路方框图中，集成电路内电路方框图最为详细。

（4）电路方框图中往往会标出信号的传输方向（用箭头表示），它形象地表示了信号在电路中的传输方向，这一点对识图是非常有用的，尤其是集成电路内电路方框图，它可以帮助识图者了解某引脚是输入引脚还是输出引脚（根据引脚引线上的箭头方向得知这一点）。

重要提示：在分析一个具体电路的工作原理之前，或者在分析集成电路的应用电路之前，先分析该电路的方框图是必要的，它有助于分析具体电路的工作原理。在几种电路方框图中，整机电路方框图是最重要的，要牢记在心中，这对在修理中逻辑推理的形成和对故障部位的判断十分重要。

4．电路方框图的识读方法

关于电路方框图的识读方法，说明以下 3 点。

（1）分析信号的传输过程。了解整机电路方框图中的信号传输过程时，主要是看图中箭头的方向，箭头所在的通路表示了信号的传输通路，箭头方向指示了信号的传输方向。在一些音响设备的整机电路方框图中，左、右声道电路的信号传输指示箭头采用实线和虚线来分开表示，如图 5-5 所示。

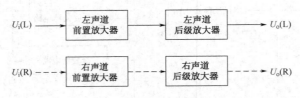

图 5-5　实线和虚线示意图

（2）记忆电路组成。记忆一个电路系统的组成时，由于具体电路太复杂，因此要用电路方框图。在电路方框图中，可以看出各部分电路之间的相互关系（相互之间是如何连接的），特别是控制电路系统，可以看出控制信号的传输过程、控制信号的来路和控制的对象。

（3）分析集成电路。在分析集成电路应用电路的过程中，当没有集成电路的引脚作用资料时，可以借助集成电路内电路方框图来了解、推理引脚的具体作用，特别是可以明确地了解哪些引脚是输入引脚，哪些是输出引脚，哪些是电源引脚，而这 3 种引脚对识图是非常重要的。当引脚引线上的箭头指向集成电路外部时，这是输出引脚，箭头指向内部时都是输入引脚。

在图 5-6 所示的集成电路内电路方框图中，集成电路的①脚引线上的箭头向内，为输入引脚，说明信号是从①脚输入变频级电路中的；⑤脚引线上的箭头向外，所以⑤脚是输出引脚，变频后的信号从该引脚输出；④脚是输入引脚，输入的是中频信号，因为信号输入中频放大器电路中，所以输入的信号是中频信号；③脚是输出引脚，输出经过检波后的音频信号。

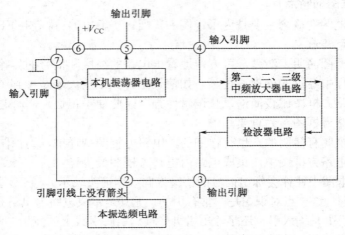

图 5-6　集成电路内电路方框图

当引线上没有箭头时，如图 5-6 所示集成电路中的②脚，说明该引脚外电路与内电路之间不是简单的输入或输出关系，电路方框图只能说明②脚内、外电路之间存在着某种联系，具体是什么联系，电路方框图就无法表达清楚了，这也是电路方框图的一个不足之处。

另外，在有些集成电路内电路方框图中，有的引脚引线上箭头是双向的，如图 5-7 所示，这种情况在数字集成电路中常见，这表示信号既能够从该引脚输入，也能从该引脚输出。

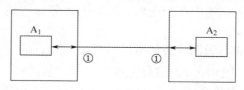

图 5-7　双向箭头示意图

5. 电路方框图识读的注意事项

电路方框图的识读要注意以下几点。

（1）厂方提供的电路资料中一般情况下都不给出整机电路方框图，不过大多数同类型机器其电路组成是相似的，利用这一特点，可以用同类型机器的整机电路方框图作为参考。

（2）一般情况下，对集成电路内电路是不必进行分析的，只需要通过集成电路内电路方框图箭头指向理解信号在集成电路内电路中的放大和处理过程。

（3）电路方框图是首先需要记忆的电子电路图，记住整机电路方框图和其他一些主要系统电路方框图，是学习电子电路的第一步。

二、整机电路原理图的识读

1. 整机电路原理图的功能

整机电路原理图具有下列一些功能。

（1）表明电路结构。整机电路原理图表明了整个机器的电路结构、各单元电路的具体形式和它们之间的连接方式，从而表达了整机电路的工作原理，这是电子电路图中最大的一张。

（2）给出元器件参数。整机电路原理图给出了电路中所有元器件的具体参数，如型号、标称值和其他一些重要数据，为检测和更换元器件提供了依据。例如，若要更换某个三极管，查阅图中的三极管型号标注就能知道要换成什么样的三极管。

（3）提供测试电压值。许多整机电路原理图中还给出了有关测试点的直流工作电压，为检修电路故障提供了方便。例如，集成电路各引脚上的直流电压标注、三极管各电极上的直流电压标注等，都为检修这部分电路提供了方便。

（4）提供识图信息。整机电路原理图给出了与识图相关的有用信息。例如，通过各开关件的名称和图中开关所在位置的标注，可以知道该开关的作用和当前开关状态；引线接插件的标注能够方便地将各张图纸之间的电路连接起来。

2. 整机电路原理图的特点

整机电路原理图与其他电子电路图相比，具有下列一些特点。

（1）整机电路原理图包括了整个机器的所有电路。

（2）不同型号的机器其整机电路中的单元电路变化是很大的，这给识图造成了不少困难，要求有较全面的电路知识。同类型的机器其整机电路原理图有其相似之处，不同类型的机器之间则相差很大。

（3）各部分单元电路在整机电路原理图中的画法有一定规律，了解这些规律对识图是有益的。各部分单元电路的分布规律一般情况下是：电源电路画在整机电路原理图的右下方，信号源电路画在整机电路原理图的左侧，负载电路画在整机电路原理图的右侧，各级放大器电路是从左向右排列的，双声道电路中的左、右声道电路是上下排列的，各单元电路中的元器件是相对集中在一起的。记住上述分布规律，对整机电路原理图的分析是有益的。

3. 整机电路原理图中与识图相关的有用信息

整机电路原理图中与识图相关的信息主要有下列一些。

（1）通过各开关件的名称和图中开关所在位置的标注，可以知道该开关的作用和当前开关状态。图 5-8 所示是录放开关的标注识别示意图。图中，S1-1 是录放开关，P 表示放音，R 表示录音，图示在放音位置。

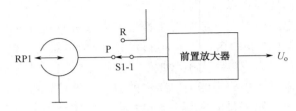

图 5-8　录放开关的标注识别示意图

（2）当整机电路原理图分为多张图纸时，引线接插件的标注能够方便地将各张图纸之间的电路连接起来。图 5-9 所示是各张图纸之间引线接插件连接示意图。图中，CSP101 在一张图纸中，CNP101 在另一张图纸中，CSP101 中的 101 与 CNP101 中的 101 表示是同一个接插件，一个为插头，一个为插座，根据这一电路标注可以知道这两张图纸的电路在这个接插件处相连。

（3）有些整机电路原理图中将各开关件的标注集中在一起，标注在图纸的某处，并标有开关的功能说明，识图中若对某个开关不了解，则可以去查阅这部分说明。图 5-10 所示是开关功能标注示意图。

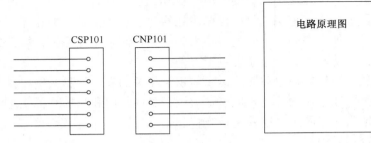

图 5-9　各张图纸之间引线接插件连接示意图　　图 5-10　开关功能标注示意图

4. 整机电路原理图的主要分析内容

整机电路原理图的主要分析内容有下列几个方面。

（1）要熟悉并掌握常用电子元器件的图形符号，掌握这些元器件的性能、特点和用途，协助判断电路的功能。

（2）分析单元电路的类型。

（3）分析直流工作电压供给电路。直流工作电压供给电路的识图是从右向左进行的，对某一级放大电路的直流电路的识图是从上向下进行的。

（4）分析交流信号的传输。一般情况下，交流信号的传输是从整机电路原理图的左侧向右侧进行分析的。

（5）对一些以前未见过的、比较复杂的单元电路的工作原理进行重点分析。

5. 其他知识点

（1）对于分成几张图纸的整机电路原理图，可以一张一张地进行识图，如果需要进行整个信号传输系统的分析，则要将各张图纸连起来进行分析。

（2）在学习了一种功能的单元电路之后，可以分别在几张整机电路原理图中对应去找到这一功能的单元电路，进行详细分析。由于整机电路原理图中的单元电路变化较多，而且电路的画法受其他电路的影响而与单个画出的单元电路不一定相同，因此加大了识图的难度。

（3）在分析整机电路的过程中，当对某个单元电路的分析有困难时，可以查找相关资料，以帮助识图。例如，对某型号集成电路应用电路的分析有困难，可以查找这一型号集成电路的识图资料（集成电路内电路方框图、各引脚作用等），以帮助识图。

（4）一些整机电路原理图中会有许多英文标注，能够了解这些英文标注的含义，对识图是相当有利的。在某型号集成电路附近标出的英文说明就是该集成电路的功能说明，图 5-11 所示是电路图中的英文标注示意图。

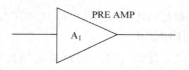

图 5-11　电路图中的英文标注示意图

任务二　印制电路板图的识读

一、印制电路板图的两种表示方式及其比较

1. 直标方式

图 5-12 所示是直标方式印制电路板图。这种方式中没有一张专门的印制电路板图纸，而是采取在电路板上直接标注元器件编号的方式。例如，在电路板某电阻附近标有 R5，这个 R5 是该电阻在电路原理图中的编号。用同样的方法将各种元器件的电路编号直接标注在电路板上，如图中的 C6 等。

2. 图纸表示方式

图 5-13 所示是图纸表示方式印制电路板图。用一张图纸（称之为印制电路板图）画出各元器件的分布和它们之间的连接情况，这是传统的表示方式，在过去大量使用。

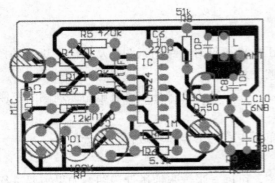

图 5-12   直标方式印制电路板图

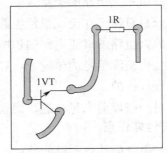

图 5-13   图纸表示方式印制电路板图

3. 两种表示方式的比较

这两种印制电路板图的表示方式各有优缺点。

（1）对图纸表示方式来说，由于印制电路板图可以拿在手中，在印制电路板图中找出某个所要找的元器件相当方便，但是在图上找到元器件后，还要用印制电路板图到电路板上对照后才能找到元器件的实物，有两次寻找、对照过程，比较麻烦。另外，图纸容易丢失。

（2）对直标方式来说，在电路板上找到了某元器件的编号，便找到了该元器件，所以只有一次寻找过程。另外，这份"图纸"永远不会丢失。不过，当电路板较大、有数块电路板或电路板在机壳底部时，寻找就比较困难。

二、印制电路板图的作用

印制电路板图是专门为元器件装配和机器修理服务的图，它与电路原理图有着本质上的不同。印制电路板图的主要作用如下。

（1）通过印制电路板图可以方便地在实际电路板上找到电路原理图中某个元器件的具体位置，没有印制电路板图时，查找就不方便。

（2）印制电路板图起到电路原理图和实际电路板之间的沟通作用，是方便修理不可缺少的图纸资料之一，没有印制电路板图将影响修理速度，甚至妨碍正常检修思路的顺利展开。

（3）印制电路板图表示了电路原理图中各元器件在电路板上的分布状况和具体的位置，给出了各元器件引脚之间连线（铜箔线路）的走向。

（4）印制电路板图是一种十分重要的修理资料，电路板上的情况被一比一地画在印制电路板图上。

三、印制电路板图的特点

印制电路板图具体有下列一些特点。

（1）从印制电路板设计的效果出发，电路板上的元器件排列、分布不像电路原理图那么有规律，这给印制电路板图的识读带来了诸多不便。

（2）印制电路板图表示元器件时用电路符号，表示各元器件之间连接关系时不用线条而用铜箔线路，有些铜箔线路之间还用跨导线连接，此时又用线条连接，所以印制电路板图看起来很"乱"，这些都影响识图。

（3）印制电路板图上画有各种引线，而且这些引线的绘画形式没有固定的规律，这给识图造成不便。

（4）铜箔线路排布、走向比较"乱"，而且经常遇到几条铜箔线路并行排列的情况，给观察铜箔线路的走向造成不便。

四、印制电路板图的识读方法

由于印制电路板图比较"乱"，因此采用下列一些方法和技巧可以提高识图速度。

（1）根据一些元器件的外形特征，可以比较方便地找到这些元器件，如集成电路、功率放大管、开关件、变压器等。

（2）对集成电路而言，根据集成电路上的型号，可以找到某个具体的集成电路。尽管元器件的分布、排列没有什么规律可言，但是同一个单元电路中的元器件相对而言是集中在一起的。

（3）一些单元电路比较有特征，根据这些特征可以方便地找到它们。例如，整流电路中的二极管比较多；功率放大管上有散热片；滤波电容的容量最大，体积最大等。

（4）找地线时，电路板上的大面积铜箔线路是地线，一块电路板上的地线处处相连。另外，有些元器件的金属外壳接地。找地线时，上述任何一处都可以作为地线使用。在有些机器的各块电路板之间，它们的地线也是相连接的，但是当各块之间的接插件没有接通时，各块电路板之间的地线是不通的，这一点在检修时要注意。

（5）在将印制电路板图与实际电路板对照过程中，在印制电路板图和电路板上分别画一个一致的看图方向，以便拿起印制电路板图就能与电路板有同一个看图方向，省去每次都要对照看图方向，这样可以大大方便看图。

（6）在观察电路板上元器件与铜箔线路的连接情况、观察铜箔线路走向时，可以用灯照着。如图 5-14 所示，将灯放置在有铜箔线路的一面，在装有元器件的一面可以清晰、方便地观察到铜箔线路与各元器件的连接情况，这样可以省去电路板的翻转。因为不断翻转电路板不但麻烦，而且容易折断电路板上的引线。

（7）找某个电阻或电容时，不要直接去找它们，因为电路中的电阻、电容很多，寻找不方便，可以间接地找到它们，方法是先找到与它们相连的三极管或集成电路，再找到它们。或者，根据电阻、电容所在单元电路的特征，先找到该单元电路，再寻找电阻和电容。如图 5-15 所示，要寻找电路中的电阻 R，先找到集成电路 A_1，因为电路中的集成电路较少，找到集成电路 A_1 比较方便，然后利用集成电路的引脚分布规律找到②脚，即可找到电阻 R。

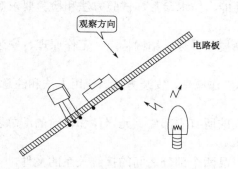

图 5-14　观察电路板示意图

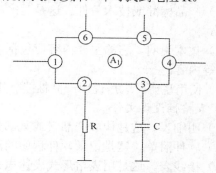

图 5-15　寻找元器件示意图

五、印制电路板图的翻绘

印制电路板图的翻绘分为以下几步。

（1）对元器件及其引脚进行编号。

（2）分析电路，划分功能单元。

（3）找到每个功能单元电路中的关键元器件。

（4）列画出单元中的所有元器件。

（5）对照电路板进行连线。

（6）整理电路原理图。

任务三　技术文件的识读

电子整机产品技术文件按工作性质和要求的不同，形成专业制造和普通应用两类不同的应用领域。在电子整机产品规模生产的制造业中，产品技术文件具有生产法规的效力，必须执行统一的标准，实行严格的规范管理，不允许生产者有个人的随意性。

生产部门按照生产工艺图样进行生产，技术管理部门分工明确，各司其职，一张图样一旦审核签署，便不能随意更改，如果需要更改，也必须经过严格的更改手续。技术文件的完备性、权威性和一致性是必需的。按制造业总的技术来分，技术文件可分设计文件和工艺文件两类。

一、设计文件的识读

设计文件是产品从设计、试制、鉴定到生产的各个阶段的实践过程中形成的图样及技术资料。

1. 设计文件的作用

（1）用来组织和指导企业内部的产品生产。生产部门的工程技术人员依据设计文件给出的产品信息，编制指导生产的工艺文件。

（2）产品的制造、维修和检测需要查阅设计文件中的图纸和数据。

（3）产品使用人员和维修人员根据设计文件提供的技术说明和使用说明，便于对产品进行安装、使用和维修。

2. 设计文件的种类

1）文字性设计文件

（1）产品标准或技术条件。这是对产品性能、技术参数、试验方法和检验要求等所作的规定。

（2）技术说明。它的主要内容应包括产品技术参数、结构特点、工作原理、安装调整和维修等内容。

（3）使用说明。这是说明产品性能、基本工作原理、安装方法、使用方法和注意事项。

2）表格性设计文件

（1）明细表。这是构成产品（或某部分）的所有零部件、元器件和材料的汇总表。

（2）软件清单。这是记录软件程序的清单。

（3）接线表。这是用表格形式表述电子产品两个部分之间的接线关系的文件。

3）电子电路图

通常，完整的电子电路图包含电路方框图、电路原理图和印制电路板图，此内容在任务一中已进行介绍。

4）指导操作用的实物装配图

实物装配图是以实际元器件的形状及其相对位置为基础，画出产品的装配关系。这种图一般在产品生产装配中使用。图 5-16 所示的是仪器中的波段开关实物装配图，由于采用实物画法，能把装配细节表达清楚而不易出错。

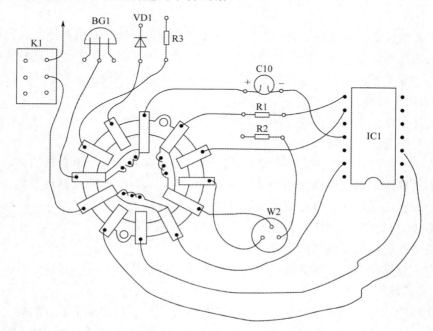

图 5-16　仪器中的波段开关实物装配图

3. 设计文件的编号

为便于产品标准化工作，对设计文件必须进行分类编号。目前，电子产品设计文件编号较常采用的是十进制分类编号，该类编号由企业区分代号、分类特征标记、登记顺序号和文件简号 4 个部分所组成。设计文件编号示例如图 5-17 所示。

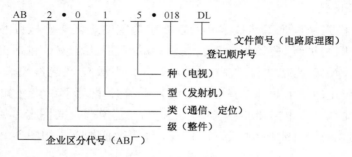

图 5-17　设计文件编号示例

二、工艺文件的识读

1. 工艺文件的种类与作用

1）工艺文件的种类

工艺文件通常分为工艺管理文件和工艺规程文件两大类。

（1）工艺管理文件是指企业科学地组织生产和控制工艺工作的文件。它包括：①工艺文件目录；②工艺线路表；③配套明细表；④材料消耗定额表；⑤工艺文件更改通知单。

（2）工艺规程文件是指在企业生产中，规定产品或零、部、整机制造工艺过程和操作方法等的工艺文件。工艺规程按其性质和加工专业可分为5类：①专用工艺规程；②专业工艺规程；③成组工艺规程；④典型工艺规程；⑤标准工艺规程。

2）工艺文件的作用

工艺文件在企业生产中主要起到以下作用。

（1）为生产准备、提供必要的资料。

（2）为生产部门提供工艺方法和流程，确保经济、高效地生产出合格的产品。

（3）为质量控制部门提供保证产品质量的检测方法和计量检测仪器及设备。

（4）是加强定额管理、对企业职工进行考核的重要依据。

（5）是建立和调整生产环境、保证安全生产的指导文件。

（6）是企业进行成本核算的重要材料。

（7）为企业操作人员的培训提供依据，以满足生产的需要。

2. 工艺文件的编号

工艺文件的编号是指工艺文件的代号，简称文件代号。它由4个部分组成：企业区分代号、设计文件分类编号、工艺文件简号和区分号。工艺文件编号示例如图5-18所示。

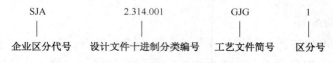

图 5-18　工艺文件编号示例

3. 工艺文件的格式

工艺文件的格式是按照工艺技术和管理要求规定的工艺文件栏目的形式编排的。为保证产品生产的顺利进行，应该保证工艺文件的成套性。工艺文件包括工艺文件封面［如图 5-19（a）所示］、工艺文件目录［如图 5-19（b）所示］、工艺线路表［如图 5-19（c）所示］、导线及线扎加工卡片［如图 5-19（d）所示］、配套明细表［如图 5-19（e）所示］、装配工艺过程卡片［如图 5-19（f）所示］、工艺说明及简图卡［如图 5-19（g）所示］、检验卡片［如图 5-19（h）所示］、工艺文件更改通知单［如图 5-19（i）所示］等。

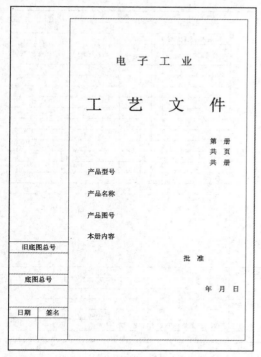

（a）工艺文件封面

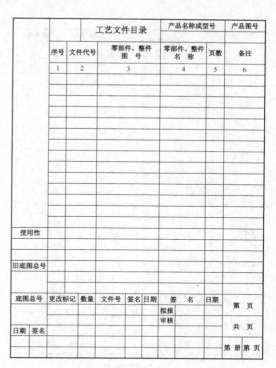

（b）工艺文件目录

（c）工艺线路表

（d）导线及线扎加工卡片

图 5-19　工艺文件

（e）配套明细表

	配套明细表			装配件名称	装配件图号
序号	图号	名 称	数量	来自何处	备注
1	2	3	4	5	6

使用性

旧底图总号

底图总号	更改标记	数量	文件号	签名	日期	签 名	日期	第 页
拟报								共 页
审核								
日期	签名							第 册 第 页

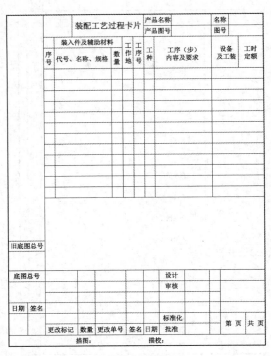

（f）装配工艺过程卡片

	装配工艺过程卡片		产品名称		名称	
			产品图号		图号	
序号	装入件及辅助材料 代号、名称、规格	数量	工作地	工序号	工种	工序（步）内容及要求	设备及工装	工时定额

旧底图总号

底图总号		设计	
		审核	
日期	签名		
更改标记	数量	更改单号	签名	日期	标准化 批准	第 页 共 页
描图：			描校：			

（g）工艺说明及简图卡

| | 工艺说明及简图卡 | 名称 | 编号或图号 |
| | | 工序名称 | 工序编号 |

使用性

旧底图总号

底图总号	更改标记	数量	文件号	签名	日期	签 名	日期	第 页
拟报								共 页
审核								
日期	签名							第 册 第 页

（h）检验卡片

	检验卡片	产品名称		名称	
		产品图号		图号	
工作地	工序号	来自何处	交往何处		
序号	检测内容及技术要求	检测方法	检验器具 名称 / 规格及精度	全检	抽检	备注

旧底图总号

底图总号		设计	
		审核	
日期	签名		
更改标记	数量	更改单号	签名	日期	标准化 批准	第 页 共 页
描图：			描校：			

图 5-19　工艺文件（续 1）

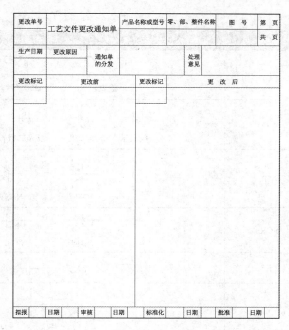

（i）工艺文件更改通知单

图 5-19　工艺文件（续 2）

重要提示：

（1）操作人员必须认真阅读工艺文件，在熟悉操作要点和要求后才能进行操作，要遵守工艺纪律，确保技术文件的正确实施。

（2）在电子产品的加工过程中，若发现工艺文件存在问题，操作人员应及时向生产线上的技术人员反映，但无权自主改动。变更生产工艺必须依据技术部门的更改通知单进行。

（3）凡属操作工人应知应会的基本工艺内容，可不再编入工艺文件。

5.2　项目基本知识

知识点一　电路符号的识读

一、常见元器件的文字符号和图形符号

常见元器件的文字符号和图形符号如表 5-1 所示。

表 5-1　常见元器件的文字符号和图形符号

元器件名称	文 字 符 号	图 形 符 号			
电阻	R	一般表示	可调电阻	熔断器	光敏电阻
电容	C		一般表示	极性电容	

续表

元器件名称	文字符号	图形符号
电感	L	一般表示　　　磁芯（铁芯）电感
二极管	VD	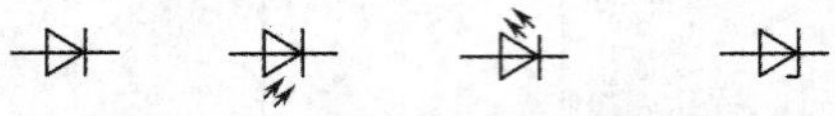 一般表示　光电二极管　发光二极管　稳压二极管
三极管	VT	PNP型　　　　NPN型
晶闸管（可控硅）	SCR	单向　　　　双向
电源	E	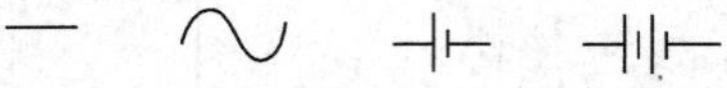
扬声器	Y	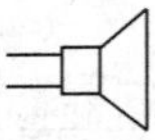 一般表示
传声器	MIC	一般表示　　驻极体电容式传声器
电动机	M	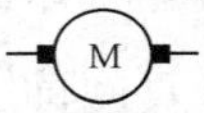 一般表示
灯	HL	 一般表示

二、下脚标码

（1）在同一电路图中，下脚标码表示同种元器件的序号，如 R_1、R_2、……，VT_1、VT_2、……。

（2）电路由若干单元电路组成，可以在元器件名的前面缀以标号，表示单元电路的序号。例如，有两个单元电路，则 $1R_1$、$1VT_2$ 表示单元电路 1 中的元器件。也可以对上述元器件采用 3 位标码表示它的序号及所在单元电路。例如，R_{201}、VT_{201} 表示单元电路 2 中的元器件。

（3）下脚标码的标注方法，如 R_1、R_2，常见于电路原理分析的书刊中。但在工程图中，这样的标注有弊端：第一，采用下脚标码的形式，为制图增加了难度，而 CAD 电路设计软件中一般不提供这种形式；第二，工程图中的下脚标码容易被模糊、污染，可能导致混乱。因此，工程图中一般采用下脚标码平排的形式，如 1R1、1R2 或 R101、R102，这样安全可靠。

（4）当一个元器件有几个功能独立的单元时，应在标码后面再加附码。

知识点二　识读电路原理图的基本内容

在识读单元电路原理图时，应当主要识读以下内容：原理、功能、结构、类型、变换过程、数值、波形。

一、原理、功能

每一个电路系统要完成一种信号的处理功能，而每个单元电路则只完成此信号处理过程中的某个环节。识读单元电路原理图时，首先要搞清楚该单元电路在本电路系统中的设置目的和功能，它主要完成什么任务；然后，根据功能、任务的要求，来分析其电路工作原理。有时单元电路的功能、作用难以立即确定下来，可以根据它在系统电路中的位置假定其基本功能，分析其工作原理，然后加以分析和验证，并最后加以确定。

验证工作主要通过示波器检测来实现。分析电路工作原理则需要识图者的理论基础和读图经验。分析电路工作原理主要指弄清电路信号的内容及特点，电路如何产生新信号和如何实现信号变换。

二、结构、类型

在分析单元电路的功能和原理时，必然伴随着分析单元电路的结构和类型。对集成单元电路来说，可以不去管电路的具体形式；对分立件电路来说，则必须分析电路结构，以便正确分析电路类型和工作原理。应当看到，完成同一个功能的单元电路，可以使用不同结构和类型的电路，甚至实现同一功能的单元电路，可以使用不同工作原理的电路。例如，在 CD 唱机或 VCD 视盘机电路中，纠正误码、错码是重要课题，为了完成这一任务可以使用不同原理的电路，可以使用不同方法来纠正误码、错码，可以使用不同结构和类型的电路实现错误纠正；直到目前，人们还在继续研究更有效的错码纠正措施。

三、变换过程

分析电路工作原理，必然伴随着分析信号的变换过程。分析信号的变换规律是分析电路原理的关键。信号分析清楚了，工作原理必然迎刃而解。分析信号主要是分析输入信号和输出信号的波形、幅度、频率，分析它们的内容及特点，分析信号变换的原理及作用。

四、数值、波形

在分析信号时，要熟悉信号波形的规律，还应当熟悉其数值。信号幅度、频率的数值也是反映信号特点和规律的重要内容。通过分析输入、输出信号波形的变化规律，分析信号幅度、频率的变化规律，可以深入掌握电路工作原理。另外，对分立件电路来说，电路的直流工作点数值也是分析的内容，它直接影响着电路的工作状态和工作原理；对集成电路来说，其相应引出脚的动态、静态工作电压数值也要引起工作者的十分重视。

知识点三 电路原理图与印制电路板图之间的区别与联系

（1）印制电路板图中用印制铜箔线路来表示各元器件之间的连线，而不像电路原理图中用实线线条来表示各元器件之间的连线，铜箔线路和元器件的排列、分布也不像电路原理图那么有规律。印制电路板图反映的是设备印制电路板上线路布线的实际情况，通过印制电路板图可方便地在印制电路板上找到电路原理图中某个元器件的具体位置。尽管元器件的分布与排列无规律可言，但同一个单元电路中的元器件却是相对集中在一起的。

印制电路板图上的大面积铜箔线路是整机电路的公共接地部分，一些大功率元器件的散热器通常与公共接地部分相连。

（2）以元器件的外形特征为线索识读印制电路板图时，应根据电路中主要元器件的外形特征来快速找到该单元电路及这些元器件。不容易查找的电阻和电容，可先对照电路原理图上标注的型号找到与其连接的三极管、集成电路等器件，熟悉相关的连接线路，再通过这些外形特征较明显的器件来间接找到阻容元件。

有的电子产品在印制电路板的元器件安装面上直接标注出元器件的文字符号（元器件代号），只要将电路原理图上标注的元器件符号与印制电路板上的符号进行对照，即可查找出元器件的位置。

知识点四　设计文件的基本知识与工艺文件的编制

一、设计文件概述

设计文件是产品研究、开发、设计、试制与生产实践中积累而形成的一种技术资料，它规定了产品的组成、形式、结构尺寸、原理，以及在制造、验收、使用、维护和修理时所必须具备的技术数据和有关说明，它是组织生产和使用产品的基本依据。

二、设计文件的分类

1. 按形成过程分

（1）试制文件。这是试制过程中所编制的各种设计文件，一般指草图，可不编号但需有名称，如电路原理草图、元器件明细表、零件草图、试验记录等，它作为样机试制过程中的技术文件。

（2）生产文件。这是设计试制（样机鉴定）完成后，经过整理、修改逐步完善，进行试生产所用的设计文件，一般指正规底图晒成的蓝图，并有档案室加盖的生产使用的有效文件章。由于计算机大量的使用，也可以是经审批手续完善的复印图，但必须有加盖红色印章的有效版本。此时的设计文件必须要编号。

2. 按绘图过程和使用特征分

（1）草图。这是按设计文件规定格式所绘制的原始资料，是供有关部门使用的临时性设计文件。

（2）原图。这指正规设计的图（按标准绘制或 CAD 绘制打印出的图）。

（3）底图。底图供蓝图复制用，即所说的透明底图。

（4）复印图（蓝图）。这指用复印机复制的图。

3. 按表达内容分

（1）图样。这是以投影关系为主绘制的、用于说明产品加工和装配要求的设计文件，如零件图、装配图、外形尺寸图、安装图。对电源产品而言，它是机械人员设计的产品机械结构图。

（2）符号与略图。这是以图形符号和项目代号为主绘制的图，用于说明产品的组成内容、相互连接、工作原理和其他示意性内容，如方框图、原理图、接线图、线缆连接图等。它是产品电气设计人员所绘制的图纸。

（3）文字和表格内容的设计文件。这是以文字说明和表格方式说明产品的组成情况、质量要求、技术性能、使用维修等内容的设计文件，如电源产品的标准、设计任务书、技术说明书、备附件清单及各种明细表（如元器件明细表）、汇总表等。

三、编制设计文件的一般要求

（1）设计文件的内容应正确、清楚、简明、扼要，避免烦琐和重复。文字内容的叙述及其他示意性说明，应有条理性，力求准确、通俗易懂。

（2）产品技术人员应按各有关公司所规定的技术文件种类和成套要求的内容，来编制相应的各类技术文件。

（3）设计文件草图应经有关人员（工艺人员、标准化人员）会签。机械图设计文件由标准化人员进行文件分类编号。对电气设计文件，应根据产品机械图分类编号，编制相应文件的尾号。

（4）所有设计文件（包括表格内容的设计文件），必须在企业有关标准图纸和文件格式的图样上予以设计和编制。

（5）编制略图的设计文件，必须按国家标准的有关规定（指图形符号、文字符号等内容）进行。

（6）编制图样设计文件时，应执行国家标准《机械制图》及其他相关规定。

四、设计文件的编制

1．产品设计任务书

产品设计任务书是公司技术主管部门根据市场需要或上级指令，以书面形式下达给设计部门的产品（或课题项目）设计、研制的任务。此任务书根据产品具体情况及研发设计、生产试制的不同而有所区别，一般应包括以下内容。

（1）产品（或课题项目）名称、要求的结构形式。

（2）任务研制的目的、用途及要求（包括环境条件）。

（3）任务来源与下达任务的单位、协作单位（若自行开发，无下达单位，则不考虑此项）。

（4）主要技术指标与性能（突出可靠性、实用性、技术性、经济性）。

（5）对试制过程中需要采用突破的新技术、新工艺、新材料、新设备等方面的要求和问题。

（6）对产品标准化程度的综合要求、对公司现有生产条件的继承性要求。

（7）试制的数量与要求完成的截止日期。

（8）试制费用的初步预算及要达到的具体经济指标等（如试制样机的单台成本、正常生产所需的控制成本）。

2．产品总体设计方案

产品总体设计方案是根据产品设计任务书的要求而提出的进行产品设计的具体方案。它是紧紧围绕组成产品的结构、性能参数等方面的技术问题而进行工作的具体实施意见。因此，它对结构设计、电路设计、工艺设计等方面都应有比较明确的要求，一般应包括以下内容。

（1）产品的名称、具体任务的来源和依据（可引证产品设计任务书）。

（2）主要参数、性能、工作特性和经济指标（目标成本、销售价格等）及其他使用要求。

（3）绘制出产品外形结构草图和电路方框图。

（4）与国内外同类产品进行分析比较（性能、指标、结构、特点、价格等）。

（5）技术可行性、经济合理性论证（可用几种方案论述、对比）及提出最佳方案的意见。

（6）采用新技术、新工艺、突破关键技术、关键工艺的要求与解决途径。

（7）对原材料、元器件、协作件有无特殊新的技术要求或是否需要进口的大概设想。

（8）实现产品可靠性设计及三化（标准化、通用化、系列化）指标的设想。

（9）对外部条件（如工艺设备、测试仪器、计量手段、样机资料等）的要求。

（10）试制阶段划分及时间安排。

3. 研制计划建议书

研制计划建议书是产品项目负责人，根据产品设计任务书的要求，通过对产品的调查了解、研究以后，提出的具体详细实施的工作计划。因此，它由工作内容与对应工作时间两个部分组成。编制计划时要注意以下几点。

（1）把产品的研制任务分为几个阶段。

（2）每个阶段要明确解决的主要问题。

（3）编制计划时，要考虑平衡交叉作业。

（4）计划安排时，要考虑解决关键技术问题过程中的反复，因此必须留有余地。

（5）当研制任务的时间已确定，则可按倒时制进行计划安排。

（6）研制计划应包括技术资料的整理与完善工作，特别要注意试制阶段技术工作小结。

（7）最好以图表形式编制计划进度，一目了然，同时也可显示其平衡交叉作业的互相关系。

研制计划建议书编制完成后，就必须按计划实施，各阶段力争提前完成，以空出时间来弥补预测不到的问题出现。此计划建议书必须交产品研制主管部门和上级主管部门批准后实施。

4. 产品标准

产品标准是对 I 级整机设备（系统）产品的分类、技术要求、试验方法、检验规则、标志、包装、运输、储存等方面所作的技术规定。对于有国家标准、行业标准或地方标准的产品，应优先采用。若没有这些标准，则可制定相应的企业标准。编制产品标准应注意以下问题。

（1）标准格式与内容按 GB1.1-1993 的基本规定进行。

（2）标准内容要完善，对反映产品主要特征的技术指标、试验方法、检验规则等技术内容要合理并且能够实施。

（3）要充分满足客户要求。

（4）符合产、供、销各方面的利益，为公司寻求最大的经济效益。

（5）对同类产品的品种、规格要进行优选，合理分档，使其形成系列。

（6）严格执行强制性的国家、行业和地方标准。

（7）要考虑配套使用与维修的要求。

（8）内控标准要恰当，它不是技术指标的全面加码。

5. 技术条件

技术条件是对产品组成部分的整件的技术要求（性能、参数、指标、规格等）、试验方法、检验规则、标志、包装、运输、储存等方面作的规定，它应满足产品技术标准的要求。它与产品标准相比低一个级别，但编制格式和内容与标准一样，即按 GB1.1-1993 进行。电源模块、监控器模块等整件技术条件，一般按以下组成部分和顺序进行编制。

（1）范围。

（2）引用标准。

（3）主要参数及外形尺寸。

（4）技术要求。

（5）试验方法。

（6）检验规则。

（7）标志及包装。

（8）储存及运输。

6. 标准化审查报告

标准化审查的目的，就是审查技术文件是否符合国标、行标或企业标准，是否最大限度地采用了标准件和通用件，从而提高技术文件的质量和减少公司生产的复杂性。标准化审查报告就是审查贯彻标准情况与标准化综合要求比较后的结论性的意见，一般考虑按以下条款编写。

（1）产品外形尺寸、参数、性能指标符合产品标准情况。

（2）图样、简图、文件格式、文字、图形符号、术语、计量单位、元器件品种规格，是否贯彻有关标准，对于未贯彻的需加以说明。

（3）利用标准件、通用件及继承已生产过的整件、部件、零件的情况。

（4）图样及技术文件的质量、完整齐套情况。

（5）新产品标准化系数的计算。

（6）新产品企业标准审查意见。

（7）工艺、工装的标准化情况及其继承性建议。

（8）标准化审查的结论性意见和综合评价。

7. 工艺性审查报告

工艺性审查报告是指为了使产品设计文件具有工艺性（易于加工制造、检测、返修）、继承性（是否采用通用件、公司现有生产条件）、经济性、合理性、安全性，也为了使工艺人员尽快了解产品设计图纸，以便早做工艺技术准备，故对设计文件预先进行审查。其编写内容一般有下述条款。

（1）性能是否稳定可靠，工艺余量是否适应批量重复生产。

（2）整体结构及整件、部件、零件设计是否合理、简单、可行，工艺适应性如何等。

（3）设计文件的加工制造及装配的工艺性、继承性如何。

（4）零件形状是否简单，元器件、原材料、毛胚件是否以前用过，造型是否合理，品种规格有无压缩。

（5）焊件、表面处理、涂覆等是否符合技术规范。

（6）产品电气元器件布置、排列是否符合有关文件规定，是否符合安全指标，操作是否方便。

（7）图纸资料是否完整、齐套，是否能正确指导生产。

（8）产品试制过程中采用新工艺、新材料的情况，以及试制过程中在工艺方面所做的工作情况。

（9）试验过程中曾暴露出哪些问题，解决情况如何，关键设备、仪器仪表、工艺装备等手段具备情况如何，是否影响产品工艺质量。

（10）工艺审查结论性意见。

8. 检测报告

检测报告是指从公司的原材料、元器件进厂到整机产品出厂，进行质量控制和进行质量检测的汇总报告，是分析产品质量的依据。检测报告还应包括例行试验数据。检测报告一般包括如下内容。

（1）主要原材料（如机械上用的关键结构件、电气上用的线材、生产上的主要化工材料等）、电子元器件、半成品、外协件、生产线上主要工序及整机成品出厂的质量检测记录。

（2）整机产品具体实际性能指标与产品技术标准的汇总与分析。

（3）实际产品性能指标与订货合同所要求的性能指标的对比情况分析。

（4）产品例行试验数据的分析，特别是对不合格项目的分析。

（5）根据对上述各检测参数的性能分析，对产品性能进行评价，写出结论性意见及改进建议。

（6）在检测报告后面，应附各种检测记录及相应表格数据作为检测依据。

9. 质量分析报告

质量分析报告由质检部门负责编写，是对产品质量进行宏观和微观的分析，叙述产品试制、样机、小批量生产、生产的大概情况（如时间、批次、数量）。质量分析报告一般包括如下内容。

（1）汇总产品从设计、工艺到加工、制造、出厂等一系列过程中的质量情况。

（2）对生产过程中出现的主要质量问题进行分析，提出改进意见（包括工艺装备的适用情况）。

（3）明确影响产品主要性能的原因。

（4）对检测（机械加工测量及电气测试）情况进行分析，提出改进措施。

（5）对以后生产提出意见与建议。

（6）针对产品质量情况写出结论性意见。

10. 调试说明

调试说明是在产品生产过程中为保证达到技术要求，对产品进行调试、检测等所做的说明文件，它代替了原调试说明书。调试说明一般仅供产品制造部门使用，编写时一般包括如下内容。

（1）引言说明所适用的产品名称、设计文件代号和产品对调试环境的要求。

（2）调试过程中所用仪器仪表的型号、规格、等级与数量。

（3）主要电气参数的检查与测量。

11. 产品研制工作总结报告

产品研制工作总结报告是产品研制工作结束以后的技术工作总结，内容包括设计和试制的依据、试制的经过、试制工作中出现或存在的问题分析及其解决方法、下一步的工作及结论性意见。产品研制工作总结报告一般由以下几个部分组成。

（1）试制依据：任务来源，属仿制还是自行设计，产品用途、特点。

（2）试制经过。

（3）具备的生产条件或进入下一阶段试制的具体工作。

（4）产品研制工作评价与结论：简单汇总说明已取得的成绩，达到预定设计任务书要求的情况，提出鉴定申请意见。

12. 使用说明书

使用说明书是生产企业向用户提供如何正确、安全地使用与维护产品的技术文件，并与产品一同提供。使用说明书一般按下述内容编制。

（1）概述：简要说明产品的用途、特点和使用要求。

（2）技术参数：应列出该产品的主要技术数据，特别是用户所关注的参数。

（3）工作原理：用通俗易懂的文字和必要的电路原理图、电路方框图、逻辑图、接线图，描述产品的简单工作原理。

（4）结构特征：应绘出相应的外形尺寸、安装尺寸等。

（5）使用与维护：详细提供正确使用产品的方法和程序、最佳状态的调整、使用注意事项、一般的维护方法等内容。

五、工艺文件的编制

工艺文件是企业进行生产准备、原材料供应、计划管理、生产调度，劳动力调配及工模具管理的主要技术依据，是加工操作、安全生产、技术质量分析及检验的技术指导，是指导生产操作、编制生产计划、调动劳动组织、安排物资供应、进行技术检验、工装设计与制造、工具管理及经济核算的依据。

根据 SJ/T10320-1992《工艺文件格式》、SJ/T10375-1993《工艺文件格式的填写》和SJ/T10631-1995《工艺文件的编号》这 3 个标准所规定的对电子行业企业的基本要求，在设计的工艺规程基础上编制电子产品的工艺文件。SJ/T10324-1992《工艺文件的成套》标准规定了电子产品工艺文件的成套要求。工艺文件的齐套性是为了组织生产、指导生产、进行 RC4560IP 工艺管理、经济核算和保证产品质量。成套工艺文件是以产品为单位所编制的工艺文件的总和。成套应有利于查阅、检查、更改和归档。

下面以收音机装配工艺为例说明电子产品成套工艺文件的设计与编制。

【内容】现有一个企业准备生产"科宏 2045"收音机，要求最近两周内投产，每月工作 24 天，每天 8 小时工作制，月产量为48000 台，要求质量可靠，生产成本尽可能低。编写"科宏 2045"收音机的成套工艺文件。

产品的成套工艺文件是在设计的工艺方案、工艺路线和工艺规程的基础上，根据企业的生产类型、生产条件和产品的生产要求进行编制的。

1. "科宏 2045"收音机生产工艺方案设计

（1）产品应达到的重要性能参数和质量指标：频率范围为 525～1605kHz；中频频率为465kHz，±4kHz；最大有用输出功率为 90mW；扬声器为声 57mm、802；电源为 3V（5号电池两节）；尺寸为 122mm×66mm×26mm。

（2）产品的生产纲领和批量：产品的年产量为 576000 台，投产的批量为 12 批，生产周期为 1 年。

（3）生产组织方式：主要制造车间为装配车间；根据产量和成本要求应采取手工插件流水线形式、波峰焊接的印制电路板装配方案及整机手工安装装配方式；工作场地要求温度为 25±2℃，湿度小于 65%，照度大于 100lx。

（4）厂内外专业化协作原则及协作工种：协作原则为满足图纸设计要求，按时按量提供零部件，价格合理；协作方式为协作单位提供零部件，经济单独核算；协作工种为塑料件制造、印制电路板制造。

（5）关键工种及其技术培训要求此处省略。

2. "科宏 2045" 收音机生产工艺路线设计

（1）编制满足【内容】中产量和质量保证的生产工艺流程。

（2）设计合理的工位（工步），保证产品要求。根据每小时生产 250 台收音机的产量要求，必须采取手工插件流水线形式、波峰焊接的印制电路板装配方案及整机手工安装装配方式。根据生产工艺流程的安排设计合理的工位（工步）如下。

① 印制电路板的装配共 7 个工位：电阻器 R2～Rs、电位器 RV 的安装，瓷片电容 C1～C6 的安装，电容 C7～C12 的安装，电容 C13～C17、C21 的安装，电容 C18、C19、C20、C22、C23 的安装，电感线圈 L2、L3、Ls 和滤波器 CF1、CF2 的安装，印制电路板上 J2、J3 和中频变压器（简称中周）L4、T1、T2 的安装。

② 波峰焊接工位 1 个。

③ 切脚工位 1 个。

④ 检验工位 2 个。

⑤ 补焊工位 1 个。

⑥ 波峰焊工工位 3 个：开关、耳机插座的安装与焊接，双联电容的安装与焊接，红黑色导线、三端天线线圈 L1 和白黄色导线在印制电路板上的装焊。

⑦ 部件装配工位 4 个：可变电容拨盘和电位器拨盘的安装，扬声器的安装，安装电源正负极片和弹簧片，安装电路板、机壳和后盖板合盖。

3. "科宏 2045" 收音机生产工艺规程设计

工艺规程是指导施工的技术文件，一般包括零件加工的工艺路线、各工序的具体加工内容、切削用量、工时定额及所采用的设备和工艺装备等。

4. "科宏 2045" 收音机的成套工艺文件编制

（1）工艺文件封面在工艺文件装订成册时使用，它装在成册工艺文件的最表面。封面内容应包含产品型号、产品名称、产品图号、本册内容，以及工艺文件的总册数、本册工艺文件的总页数、在全套工艺文件中的序号和批准日期等。

（2）工艺文件明细表是工艺文件目录成册时，应装在工艺文件封面之后，反映产品工艺文件的齐套性。工艺文件明细表包含零部件和整件图号、零部件和整件名称、文件代号、页数等内容。填写时，产品名称或型号和产品图号应与工艺文件封面的产品型号、产品名称和产品图号保持一致；"拟报"和"审核"栏内由有关职能人员签署姓名和日期；"更改标记"栏内填写更改事项；"底图总号"栏内填写被本底图所代替的旧底图总号；"文件代号"栏内填写文件的简号，不必填写文件名称；其余各栏按标题填写，填写零部件和整件图号、名称及其页数。小型整机产品一般不需要编制工艺文件明细表。

（3）配套明细表给出了产品生产中所需要的材料名称、型号规格及数量等，供有关部门在配套及领发料时使用。它反映零部件和整件装配时所需用的各种材料及其数量。填写时，"图号"、"名称"和"数量"栏内填写相应设计文件明细表的内容或外购件的标准号、名称和数量；"来自何处"栏内填写材料来源；辅助材料填写在顺序的末尾。

（4）导线及线扎加工卡片用于导线和线扎的加工准备及排线等。填写时，"编号（线号）"栏内填写导线的编号或线扎图中导线的编号；"名称、牌号、规格"、"颜色"栏内填写材料的名称、牌号、规格、颜色；"导线长度"栏内填写导线的下料长度；其余各栏按标题填写。

（5）装配工艺过程卡片又称工艺作业指导卡，是整机装配中的重要文件，用于整机装配的准备、装联、调试、检验和包装入库等装配全过程，是完成产品的部件、整机的机械性装配和电气连接装配的指导性工艺文件。填写时，"装入件及辅助材料"栏内填写本工序所使用的图号、名称、规格和数量；"工序（步）内容及要求"栏内填写本工序加工的内容和要求；辅助材料填在各道工序之后；空白栏供绘制加工装配工序图用。

 项目评估检查

一、思考题

1．电子电路图分为哪几类？画图举例。
2．常见的电路方框图有哪几类？各有哪些功能？
3．简要说明电路方框图的识读方法。
4．简要说明整机电路原理图的功能和特点。
5．简要说明整机电路原理图的识读方法。
6．印制电路板图的表示方式有哪几种？
7．印制电路板图的作用和特点有哪些？
8．简要说明印制电路板图的识读和翻绘方法。
9．电子整机产品技术文件分为哪两种？
10．简要说明设计文件的作用、种类和编号内容。
11．简要说明工艺文件的作用、种类和编号内容。
12．常见的工艺文件包括哪些？

二、技能训练

（一）整机电路方框图的识读训练

1．训练目标
掌握整机电路方框图的识读方法。

2．训练器材
PPT 课件展示，指导分析。

3．训练内容
（1）投影六管超外差式收音机的整机电路方框图，将电路信号处理流程标注好并画在

表 5-2 中。

表 5-2　信号处理流程

（2）根据处理信号频率的不同将电路方框图分成高频、中频、低频 3 个部分，画在表 5-3 中。

表 5-3　电路频段处理说明

高　频	中　频	低　频

（二）整机电路原理图的识读训练

1．训练目标

掌握整机电路原理图的识读方法。

2．训练器材

PPT 课件展示，指导分析。

3．训练内容

（1）投影六管超外差式收音机的整机电路原理，如图 5-20 所示，将各单元电路所属元器件列在表 5-4 中。

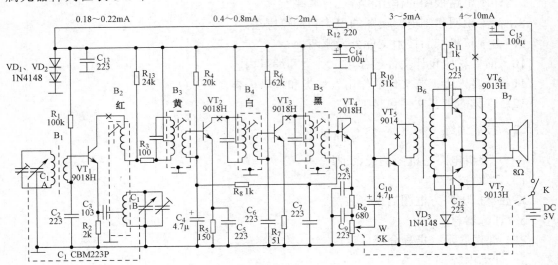

图 5-20　六管超外差式收音机的整机电路原理图

表 5-4　各单元电路元器件列表

输 入 回 路	高放本振混频	第 一 中 放	第 二 中 放	前 置 低 放	功 率 放 大	电 源 指 示
						音 量 调 节
						频 率 调 节

（2）投影六管超外差式收音机的整机电路原理图，以各三极管为研究对象标出供电和信号耦合元器件，填入表 5-5。

表 5-5　元器件功能列表

三极管 VT$_1$		三极管 VT$_2$		三极管 VT$_3$		三极管 VT$_4$		三极管 VT$_5$		三极管 VT$_6$	
供电	耦合	供电	耦合	供电	耦合	供电	耦合	供电	耦合	供电	耦合

（三）印制电路板图的识读训练

1．训练目标

掌握印制电路板图的翻绘方法。

2．训练器材

PPT 课件展示，指导分析。

3．训练内容

根据图 5-21 所示的印制电路板图绘制电路原理图，把结果填入表 5-6。

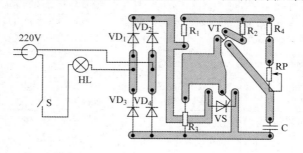

图 5-21　调光台灯的印制电路板图

表 5-6　翻绘成电路原理图

三、项目评价评分表

1．自我评价、小组互评及教师评价

评价项目	项目评价内容	分　值	自我评价	小组互评	教师评价	得　分
实操技能	① 电路方框图的识读	15				
	② 电路原理图的识读	15				
	③ 印制电路板图的识读	15				
	④ 技术文件的识读	15				
理论知识	① 常用电路符号的识读	5				
	② 识读电路原理图的基本内容	5				
	③ 电路原理图与印制电路板图之间的区别与联系	5				
	④ 设计文件的基本知识与工艺文件的编制	10				
安全文明生产和职业素质培养	① 出勤、纪律	5				
	② 工具的摆放和维护	5				
	③ 团队协作精神、卫生情况	5				

2．小组学习活动评价表

班级：＿＿＿＿＿＿＿＿＿　　　小组编号：＿＿＿＿＿＿＿＿＿　　　成绩：＿＿＿＿＿＿＿＿＿

评价项目	评价内容及评价分值			自评	互评	教师评分
分工合作	优秀（12～15分）	良好（9～11分）	继续努力（9分以下）			
	小组成员分工明确，任务分配合理，有小组分工职责明细表	小组成员分工较明确，任务分配较合理，有小组分工职责明细表	小组成员分工不明确，任务分配不合理，无小组分工职责明细表			
获取与项目有关质量、市场、环保等内容的信息	优秀（12～15分）	良好（9～11分）	继续努力（9分以下）			
	能从网络等多种渠道获取信息，并能合理地选择信息、使用信息	能从网络等多种渠道获取信息，并能较合理地选择信息、使用信息	能从网络等多种渠道获取信息，但信息选择不正确，信息使用不恰当			
实际技能操作	优秀（16～20分）	良好（12～15分）	继续努力（12分以下）			
	能按技能目标要求规范地完成每项实操任务	能按技能目标要求较规范地完成每项实操任务	能按技能目标要求完成每项实操任务，但规范性不够			
基本知识分析讨论	优秀（16～20分）	良好（12～15分）	继续努力（12分以下）			
	讨论热烈，各抒己见，概念准确，原理思路清晰，理解透彻，逻辑性强，并有自己的见解	讨论没有间断，各抒己见，分析有理有据，思路基本清晰	讨论能够展开，分析有间断，思路不清晰，理解不透彻			
成果展示	优秀（24～30分）	良好（18～23分）	继续努力（18分以下）			
	能很好地理解项目的任务要求，成果展示逻辑性强，熟练利用信息技术（电子教室网络、互联网、大屏等）进行成果展示	能较好地理解项目的任务要求，成果展示逻辑性较强，能较熟练利用信息技术（电子教室网络、互联网、大屏等）进行成果展示	基本理解项目的任务要求，成果展示停留在书面和口头表达，不能熟练利用信息技术（电子教室网络、互联网、大屏等）进行成果展示			
总分						

项目六

印制电路板的设计与制作

项目情境创设

在电子产品样机尚未设计定型的试验阶段，或当电子技术爱好者进行业余制作时，经常需要制作少量的电路板进行测试或装配，因此掌握业余条件下印制电路板的手工设计和制作是非常必要的。

随着微电子技术的飞速发展，电子产品中的印制电路板越来越复杂、精密，利用手工完成如数码类产品的印制电路板的设计是不可想象的，所以必须借助计算机来完成印制电路板的设计工作。

项目教学目标

	项目教学目标	学　时	教　学　方　式
技能目标	① 掌握简单印制电路板的手工设计 ② 掌握印制电路板的计算机辅助设计 ③ 学会自制单面印制电路板	6	教师演示，学生实际操作 重点：印制电路板的设计与制作 教师指导、答疑
知识目标	① 了解印制电路板的基本知识 ② 掌握印制电路板的设计要求 ③ 了解印制电路板 CAD 软件 ④ 熟悉印制电路板的加工技术要求 ⑤ 了解双面印制电路板的手工制作	4	教师讲授、自主探究
情感目标	激发学生对本门课的兴趣，培养信息素养、团队意识		网络查询、小组讨论、相互协作

项目任务分析

印制电路板作为现代电子设备中不可缺少的关键部件，在电子工业和无线电爱好者的电子制作中占有重要的地位。本项目主要介绍了印制电路板的一些基础知识和设计、制作方法。学生可通过实际的印制电路板设计、制作训练，进而掌握其制作工艺。

项目基本功

6.1 项目基本技能

任务一 印制电路板的设计

对于特别简单的印制电路板（Printed Circuit Board，PCB），可以进行手工设计。随着家用电脑的普及和电路设计软件的大量涌现，首选利用计算机辅助设计（Computer Aided Design，CAD）软件进行设计，这样可以快速高效地设计出符合要求的印制电路板。

一、简单印制电路板的手工设计

1. 前期准备

设计印制电路板前，首先要有一套完整的整机电路原理图。这个电路原理图最好是在元器件搭接试验获得了成功的基础上绘制的，也就是说，整机各元器件、部件已确定。对复杂电路，首先要划分好电路单元，并确定设计印制电路板的电路。

对元器件本身的特殊要求（如哪些元器件需要屏蔽、需要经常调整或需要经常更换，哪些印制电路需要屏蔽），对各个元器件的工作频率和工作电压，对电路工作环境条件（如温度、湿度、气压等）都应了如指掌。最后才确定印制电路板与整机的连接、固定，以及连接件的型号、规格等。

2. 设计步骤

1）选定制作印制电路板的材料

目前，市场上可供采用的覆铜板主要是环氧酚醛玻璃布层压板和纸基层压板。总体上，前者性能较好但价格较贵，后者性能较低但价格便宜。可根据工作频率、工作电压及工作条件等要求进行选择。以上两种覆铜板都有单面板和双面板两种类型。手工设计与制作条件下，由于双面板的设计和制作都非常麻烦费事，最好避免选择，除非电路较为复杂，单面布线确有困难又想避免较多跳线的情况下才使用。

2）确定印制电路板的形状和厚度

（1）印制电路板的形状一般是长方形，其长宽比以 3∶2 或 4∶3 为最佳，比例过大容易变形。

（2）印制电路板的厚度主要由印制电路板的形状、尺寸和所安装元器件的重量决定。若板面尺寸较大，安装元器件较多较重，则印制电路板要选厚一些。印制电路板厚度已标准化，其尺寸有 1.0mm、1.5mm、2.0mm、2.5mm 等数种，常用的是 1.5mm、2.0mm 两种。通常，板面尺寸小于 200mm×150mm 时，采用 1.5mm 厚，大于此尺寸者选用 2mm 厚。

3）布线设计

找一张纸，在上面画出印制电路板所需的准确尺寸，按照实物排列方案画印制电路

接线图。最好采用铅笔勾勒，以便于不断修改。印制电路板中各元器件之间的接线安排方式如下。

（1）印制电路中不允许有交叉电路。对于可能交叉的线条，可以用"钻"、"绕"两种办法解决，即让某引线从别的电阻、电容、三极管引脚下的空隙处"钻"过去，或从可能交叉的某条引线的一端"绕"过去。在特殊情况下，如果电路很复杂，为简化设计也允许用导线跨接，解决交叉电路问题。

（2）电阻、二极管、管状电容等元器件有立式、卧式两种安装方式。立式指的是元器件体垂直于电路板安装焊接，其优点是节约空间。卧式指的是元器件平行并紧贴于电路板安装焊接，其优点是安装的机械强度高。这两种不同的安装方式，印制电路板上的元器件孔距是不一样的。可变电容、中频变压器、振荡线圈等元器件不仅接脚几何尺寸是固定的，还有极性的区别。应先查明接脚性质，并用铅笔在纸上点出各接脚的准确位置再连线。

（3）同一级电路的接地点应尽量靠近，并且本级电路的电源滤波电容也应接在该级接地点上。特别是，本级三极管基极、发射极的接地点不能离得太远，否则，因两个接地点间的铜箔太长会引起干扰与自激。采用这种"一点接地法"的电路，工作起来较稳定，不易自激。

（4）总地线必须严格按高频—中频—低频一级级地按从弱电到强电的顺序排列，切不可随便乱接。级与级间宁可接线长些，也要遵守这一规定。特别是变频头、再生头、调频头的接地线安排要求更为严格，如不当就会产生自激以致无法工作。调频头等高频电路常采用大面积包围式地线，以保证有良好的屏蔽效果。这种形式常在电视天线放大器等电路中采用。

（5）强电流引线（公共地线、功放电流引线等）应尽可能宽些，以降低布线电阻及其电压降，可减小寄生耦合而产生的自激。

（6）阻抗高的走线尽量短，阻抗低的走线可长一些，因为阻抗高的走线容易发射和吸收信号，引起电路不稳定。电源线、地线、无反馈元器件的基极走线、发射极引线等均属低阻抗走线。射极跟随器的基极走线、放大器集电极走线（如中频变压器初级与前级三极管集电极之间的引线）均属高阻抗走线。

（7）立体声扩音机、收录机两个声道的地线必须分开，各自成一路，一直到功放末端再合起来。若两路地线连来连去，则极易产生串音，使分离度下降。

根据以上要求，就可以大体上画出整机各元器件间的连线走向，并着手制作印制电路板。

二、印制电路板的计算机辅助设计

随着微电子技术的飞速发展，电子产品中的印制电路板越来越复杂、精密，利用手工完成如数码类产品的印制电路板的设计是不可想象的，所以必须借助计算机来完成印制电路板的设计工作。这就为 CAD 软件的发展提供了空间。下面以 Protel DXP 2004 为例（安装后桌面图标如图 6-1 所示）来学习印制电路板的计算机辅助设计过程。

图 6-1　Protel DXP 2004

印制电路板的计算机辅助设计一般来说，可以分为以下 3 个主要步骤。

（1）设计电路原理图（这里简称原理图）。利用 Protel DXP 2004 提供的各种原理图设计工具和各种编辑功能，完成原理图的设计工作。

（2）生成网络表。网络表是联系原理图和 PCB 之间的纽带，一般原理图设计完毕要生成网络表，它是原理图设计的结束，也是 PCB 布局布线的开始。

（3）PCB 布局布线。通过网络表调用原理图中的元器件，合理地进行布局，并进行 PCB 布线，实现 PCB 设计。

1. Protel DXP 2004 简介

1）安装并激活 Protel DXP 2004

（1）安装 Protel DXP 2004 后，启动 Protel DXP 2004。在"开始"菜单中，单击 DXP 2004 快捷方式图标，启动 Protel DXP 2004。（或者执行"开始"→"程序"→"Altium"→"DXP 2004"，启动 Protel DXP 2004。）

（2）中、英文界面切换。Protel DXP 2004 默认界面为英文，但 SP2 版本支持中文菜单方式，可在"Preferences（优先设定）"中切换。

2）Protel DXP 2004 的文件组织结构

Protel DXP 2004 以工程项目为单位实现对项目文件的组织管理，通常一个项目包含多个文件，Protel DXP 2004 的文件组织结构如图 6-2 所示

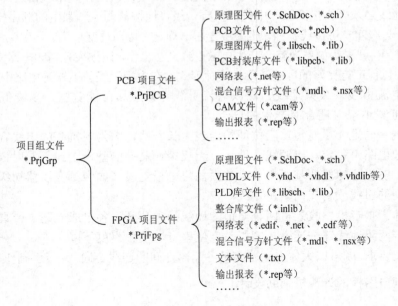

图 6-2　Protel DXP 2004 的文件组织结构

3）Protel DXP 2004 主界面

Protel DXP 2004 主界面如图 6-3 所示，包含菜单栏、工具栏、任务选择区、任务管理栏等部分。

（1）菜单栏包含 DXP、File、View、Favorites、Project、Window 和 Help 7 个部分。DXP 菜单主要实现对系统的设置管理及仿真，File 菜单实现对文件管理，View 菜单用于显示管理菜单、工具栏等，Favorites 菜单为收藏菜单，Project 菜单为项目管理菜单，Window 菜单为窗口布局管理菜单，Help 菜单为帮助文件管理菜单。

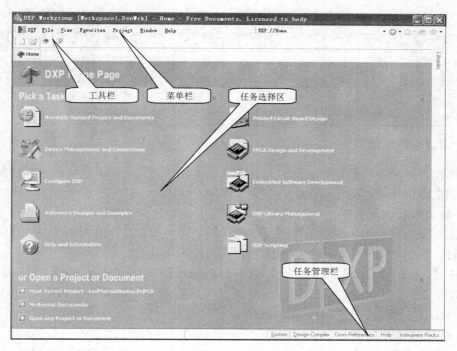

图 6-3 Protel DXP 2004 主界面

（2）工具栏是菜单的快捷键，如图 6-4 所示，主要用于快速打开或管理文件。

（3）任务选择区包含多个图标，单击对应的图标便可启动相应的功能。任务选择区的图标及功能如表 6-1 所示。

图 6-4 工具栏简介

表 6-1 任务选择区的图标及功能

图 标	功 能	图 标	功 能
Recently Opened Project and Documents	最近的项目和文件	Printed Circuit Board Design	新建电路设计项目
Device Management and Connections	元器件管理	FPGA Design and Development	FPGA 项目创建
Configure DXP	配置 DXP 软件	Embedded Software Development	打开嵌入式软件

图　标	功　能	图　标	功　能
Reference Designs and Examples	打开参考例程	DXP Scripting	打开 DXP 脚本
Help and Information	打开帮助索引	DXP Library Management	元器件库管理

2. 设计电路原理图

原理图设计是电路设计的基础，只有在设计好原理图的基础上才可以进行印制电路板的设计和电路仿真等。电路原理图的设计步骤如下。

1）新建工程设计项目

建立一个新项目的步骤对各种类型的项目都是相同的。以 PCB 项目为例，首先要新建一个项目，然后创建一个空的原理图图纸添加到新的项目中。

单击【File】/【New】/【Project】/【PCB Project】，接着单击【File】/【Save Project】（或者单击【Save Project As...】），弹出保存对话框，可以对新项目重命名（扩展名为*.PrjPCB），选择保存路径，最后单击 Save。

2）新建原理图文件

（1）选择【File】/【New】并单击 Schematic Sheet，一个名为 Sheet1.SchDoc 的原理图图纸出现在设计窗口中，并且原理图文件自动地添加（连接）到项目中。

（2）通过选择【File】/【Save As】将新原理图文件重命名（扩展名为*.SchDoc），指定把这个原理图文件保存在硬盘中的位置，并单击 Save。

在工作区，可以重新放置浮动的工具栏。单击并拖动工具栏的标题区，然后移动鼠标重新定位工具栏，可以将其移动到主窗口的左边、右边、上边或下边。

（3）原理图文件的添加及删除如下。

① 将原理图文件添加到项目中。如果要把一个现有的原理图文件 Sheet2.SchDoc 添加到现有的项目中，可在 Projects 项目管理栏中选中该项目，单击右键，在弹出的对话框中选择 Add Existing to Project，找到 Sheet2 所在的位置，选中该文件，单击 OK，Sheet2 就添加到项目中来了。

② 原理图文件的删除。如果想从项目中删除文件，右键单击欲删除的文件，在弹出的菜单中选择【Remove from Project】，并在弹出的确认删除对话框中单击 Yes，即可将此文件从当前项目中删除。

3）设置原理图图纸

在开始绘制电路原理图之前首先要做的是设置正确的文件选项（即设置原理图图纸）。选择【Design】/【Document Options】，弹出图纸设置对话框，可设置原理图图纸的纸张大小和图纸网格等选项。

4）放置元器件

（1）定位元器件和加载元器件库

① 单击主界面右侧的 Libraries 标签，显示元器件库工作区面板。

② 在库面板中单击 Search 按钮，或者选择【Tools】/【Find Component】，将打开查

找库对话框。

③ 确认 Scope 被设置为 Libraries on Path，并且 Path 区含有指向库的正确路径，即 C:\Program Files\Altium2004\Library\。确认 Include Subdirectories 未被选择（未被勾选）。

④ 若想要查找所有与 NPN 有关的，则在 Search Criteria 单元的 Name 文本框内输入 *NPN*，单击 Search 按钮开始查找。当查找进行时，Results 标签将显示。如果输入的规则正确，那么一个库将被找到并显示在查找库对话框中。

常用元器件库如下：Miscellaneous Devices.IntLib 包括常用的电路分立元器件，如电阻 RES*、电感 Induct、电容 Cap*等；Miscellaneous Connectors.IntLib 包括常用的连接器等，如 Header*。

另外，其他集成电路元器件包含于以元器件厂家命名的元器件库中，因此要根据元器件性质、厂家到对应库中寻找或用搜索的方法加载元器件库（如果已经知道元器件所在库文件，则可直接安装对应元器件库，选取元器件）。

（2）选取、放置元器件

① 在原理图中如果要放置的元器件是两个三极管，在列表中单击 NPN，以选择它，然后单击 Place 按钮。另外，还可以双击元器件名，光标将变成十字状，并且在光标上悬浮着一个三极管的轮廓。现在处于元器件放置状态，如果移动光标，三极管轮廓也会随之移动。在图纸上的适当位置单击鼠标，元器件就被放置在图纸上。

如果已经知道元器件所在库文件，则可直接选取对应元器件库，输入元器件名选取元器件。

② 在原理图中放置元器件之后，首先要编辑其属性。当元器件悬浮在光标上时，按 Tab 键弹出 Component Properties 对话框（也可以在图纸上对该元器件双击弹出此对话框），可以设置元器件的属性、元器件序号及封装。

要将悬浮在光标上的元器件翻转，按 X 键，可以使元器件水平翻转；若要将元器件上下翻转，按 Y 键；按 Space 键（空格键），可实现每次 90°逆时针旋转。

放置完了所有的元器件，选择【File】/【Save】保存原理图。如果需要移动元器件，单击并拖动元器件体重新放置即可。

5）连接电路

连线在电路中起着在各种元器件之间建立电气连接的作用，要在原理图中连线。为使原理图图纸有一个好的视图，选择【View】/【Fit All Objects】。

（1）选择【Place】/【Wire】或从 Wiring Tools（连线工具）工具栏中单击 Wire 工具进入连线模式，光标将变为十字状。

（2）将光标放在元器件引脚位置时，一个红色的连接标记（大的星形标记）会出现在光标处，这表示光标处在元器件的一个电气连接点上。

（3）单击左键或按 Enter 键固定第一个导线点，移动光标会看见一根导线从光标处延伸到固定点，将光标移到另一个电气连接点上，单击左键或按 Enter 键在该点固定导线，在第一个和第二个固定点之间的导线就放好了。要完全退出连线模式恢复箭头光标，应该单击右键或按 ESC 键（退出后再连线则要重复前面的步骤，不退出就可以继续连线）。

6）添加网络标签

彼此连接在一起的一组元器件引脚称为网络。在设计中添加网络是很容易的，添加网络标签即可。

3. 生成网络表

在原理图生成的各种报表中，以网络表最为重要。绘制原理图最主要的目的就是为了将原理图转化为一个网络表，以供在后续工作中使用。

Protel 网络表包含两个部分的内容：各个元器件的数据（元器件标号、元器件信息、封装信息）和元器件之间网络连接数据。

选择【Design】/【Netlist For Project】/【Protel】即可生成网络表。

4. PCB 布局布线

1）PCB 的相关概念

（1）PCB 的层

Protel DXP 2004 提供多种类型的工作层。只有在了解了这些工作层的功能之后，才能准确、可靠地进行 PCB 设计。Protel DXP 2004 所提供的工作层大致可以分为 7 类：Signal Layer（信号层）、Internal Planes（内部电源/接地层）、Mechanical Layers（机械层）、Masks（阻焊层）、Silkscreen（丝印层）、Others（其他工作层）及 System（系统工作层）。

（2）封装

元器件封装是指实际的电子元器件或集成电路的外形尺寸、引脚的直径及引脚的距离等，它是使元器件引脚和 PCB 上的焊盘一致的保证。元器件的封装可以分成针脚式封装和表面粘着式（SMT）封装两大类。

（3）铜膜导线

铜膜导线也称铜膜走线，简称导线，用于连接各个焊盘，是 PCB 最重要的部分。与导线有关的另外一种线常称为飞线，即预拉线。飞线是在引入网络表后，系统根据规则生成的，是用来指引布线的一种连线。飞线与导线有本质的区别，飞线只是一种形式上的连线，它只是在形式上表示出各个焊盘的连接关系，没有电气的连接意义。

（4）焊盘

焊盘的作用是放置焊锡、连接导线和元器件引脚。选择元器件的焊盘类型要综合考虑该元器件的形状、大小、布置形式、振动和受热情况、受力方向等因素。

Protel 在封装库中给出了一系列大小和形状不同的焊盘，如圆、方、八角、圆方和定位用焊盘等，但有时还不够用，需要自己编辑。例如，对发热且受力较大、电流较大的焊盘，可自行设计成泪滴状。

（5）过孔

为连通各层的线路，在各层需要连通的导线的交汇处钻上一个公共孔，这就是过孔。过孔有 3 种，即从顶层贯通到底层的穿透式过孔、从顶层通到内层或从内层通到底层的盲过孔及内层间的隐藏过孔。

一般而言，设计线路时对过孔的处理有以下原则：尽量少用过孔；一旦选用了过孔，务必处理好它与周边各实体的间隙，特别是容易被忽视的中间各层与过孔不相连的线与过孔的间隙；需要的载流量越大，所需的过孔尺寸就越大，例如，电源层、接地层与其他层连接所用的过孔就要大一些。

（6）敷铜

对于抗干扰要求比较高的 PCB，需要在 PCB 上敷铜。敷铜可以有效地实现电路板的信号屏蔽作用，提高电路板信号的抗电磁干扰能力。

2）PCB 设计的基本原则

PCB 设计需要完全了解所选用元器件及各种插座的规格、尺寸、面积等。当合理地、仔细地考虑各部件的位置安排时，主要是从电磁兼容性、抗干扰性的角度，以及走线要短、交叉要少、电源和地线的路径及去耦等方面考虑。

3）PCB 编辑环境

PCB 编辑环境（或称 PCB 编辑器）主界面如图 6-5 所示，包含菜单栏、主工具栏、布线工具栏、工作层切换栏、项目管理区、绘图工作区 6 个部分。

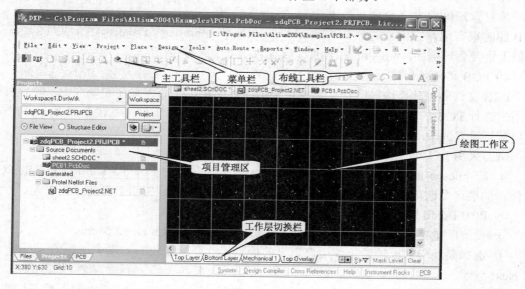

图 6-5 PCB 编辑环境主界面

（1）菜单栏

PCB 编辑环境下菜单栏的内容和原理图编辑环境下的菜单栏类似，这里只简要介绍以下几个菜单的大致功能。

① Design 菜单为设计菜单，主要包括一些布局和布线的预处理设置和操作，如加载封装库、设计规则设定、网络表文件的引入和预定义分组等操作。

② Tools 菜单为工具菜单，主要包括设计 PCB 图以后的后处理操作，如设计规则检查、取消自动布线、泪滴化、测试点设置和自动布局等操作。

③ Auto Route 菜单为自动布线菜单，主要包括自动布线设置和各种自动布线操作。

（2）主工具栏

主工具栏主要为一些常见的菜单操作提供快捷按钮，如缩放、选取对象等命令按钮。

（3）布线工具栏

选择【View】/【Toolbars】/【Placement】，则显示布线工具栏。该工具栏主要为用户提供各种图形绘制及布线命令，如图 6-6 所示。

（4）绘图工作区

绘图工作区是用来绘制 PCB 图的工作区域。启动后，绘图工作区的显示栅格间为

1000mil。绘图工作区下面的选项栏显示了当前已经打开的工作层，其中变灰的选项是当前层。几乎所有的操作都是相对于当前层而言的，因此在绘图过程中一定要注意当前工作层是哪一层。

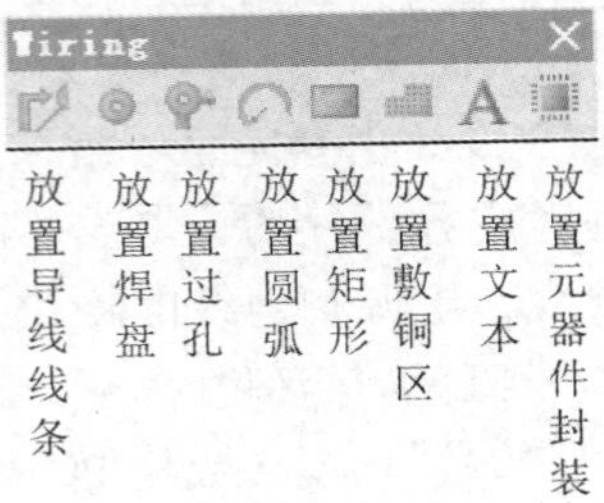

（5）工作层切换栏

在实现手工布线过程中，要根据需要在各层之间切换。

（6）项目管理区

项目管理区包含多个面板，其中有 3 个在绘制

图 6-6　布线工具栏的按钮及其功能

PCB 图时很有用，它们分别是 Projects、Navigator 和 Libraries。Projects 用于文件的管理，类似于资源管理器；Navigator 用于浏览当前 PCB 图的一些当前信息。

4）PCB 文件的创建

PCB 文件的创建有两种方法：一种是采用向导创建，在创建文件的过程中，向导会提示用户进行 PCB 的板子大小、层数等相关参数的设置；另外一种是直接新建 PCB 文件，采用默认设置或手动设置 PCB 的相关参数。

（1）采用 PCB 向导来创建 PCB 文件

① 在 Files 面板底部的 New from Template 单元单击 PCB Board Wizard 创建新的 PCB 文件。如果这个选项没有显示在屏幕上，单击向上的箭头图标关闭上面的一些单元。

② PCB Board Wizard 打开，单击 Next 继续。

③ 设置度量单位为英制（Imperial）。注意：1000 mil = 1 inch =2.54cm。

④ 选择要使用的板轮廓。使用自定义的板子尺寸，从板轮廓列表中选择 Custom，单击 Next 继续。

⑤ 进入自定义板选项。选择 Rectangular，并在 Width 和 Height 栏中输入板子尺寸数据，取消选择 Title Block & Scale、Legend String 及 Corner Cutoff 和 Inner Cutoff，单击 Next 继续。

⑥ 选择板子的层数。单击 Next 继续。

⑦ 选择过孔风格。选择 Thruhole Vias only，过孔为通孔式，单击 Next 继续。

⑧ 选择PCB上的主要元器件类型和相邻焊盘间的导线数。选择 Through-hole components，则以插脚元器件为主；选择 Surface-mount components，则以表面贴装元器件为主。

⑨ 设置一些应用到板子上的设计规则。这包括线宽、焊盘及内孔的大小、线的最小间距等，可取默认值。单击 Next 继续。

⑩ 可将自定义的板子保存为模板，允许按输入的规则来创建新的板子基础。这里不将自定义的板子保存为模板，确认该选项未被选择，单击 Finish 关闭向导。

PCB 向导收集它需要的所有信息来创建新板子。PCB 编辑器将显示一个名为 PCB1.PcbDoc 的新 PCB 文件，显示的是一个默认尺寸的白色图纸和一个空白的板子形状（带栅格的黑色区域），选择【View】/【Fit Board】将只显示板子形状。

可保存 PCB 文件，并将其添加到项目中。选择【File】/【Save As】可将新 PCB 文件重命名（扩展名为*.PcbDoc），指定保存这个 PCB 文件的位置，并单击 Save。

（2）手动规划并创建 PCB 文件

① 选择【File】/【New】/【PCB】，即可启动 PCB 编辑器，同时在绘图工作区出现一个带有栅格的空白图纸。

② 单击绘图工作区下方的 Keepout Layer，即可将当前的工作层设置为禁止布线层，该层用于设置 PCB 的边界，以将元器件和布线限制在这个范围之内。这个操作是必需的，否则，系统将不能进行自动布线。

③ 启动放置线（Place Line）命令，绘制一个封闭的区域，规划出 PCB 的尺寸，线的属性可以设置。

④ 将新 PCB 文件添加到项目中。如果想让添加到项目中的 PCB 文件是以自由文件打开的，那么在 Projects 面板的 Free Documents 单元右击 PCB 文件，选择 Add to Project，这个 PCB 文件现在就列表在 Projects 标签紧靠项目名称的下面并连接到项目文件。

5）PCB 设计环境的设置。

（1）PCB 层的说明及颜色设置。选择【Design】/【Board Layers &Colors】，可以设置各工作层的可见性、颜色等。新板打开时会有许多用不上的可用层，因此，要关闭一些不需要的层，对不显示的层 Show 不勾选就不会显示。

（2）布线板层的管理。选择【Design】/【Layer Stack Manager】，显示 Layer Stack Manager 对话框，可以增加层及平面，或者删除某些层。

6）PCB 设计规则的设置

PCB 文件为当前文件时，选择【Design】/【Rules】，PCB Rules and Constraints Editor 对话框出现，在该对话框中可以设置电气检查、布线层、布线宽度等规则。

每一类规则都显示在对话框的设计规则面板（左手边）中。双击 Routing，可以看见有关布线的规则。然后，双击 Width，显示宽度规则为有效，可以修改布线的宽度。

设计规则项有 10 项，其中包括 Electrical（电气规则）、Routing（布线规则）、SMT（表面贴装元器件规则）等。大多数规则项选择默认即可，下面仅对常用的规则项简单说明。

（1）Electrical（电气规则）：设置 PCB 布线时必须遵守的电气规则，包括 Clearance（安全距离，默认为 10mil）、Short-Circuit（短路，默认不允许短路）、Un-Routed Net（未布线网络，默认未布线网络显示为飞线）等。

（2）Routing（布线规则）：主要包括 Width（导线宽度）、Routing Layers （布线层）、Routing Corners（布线拐角）等。

① Width（导线宽度）有 3 个值可供设置，分别为 Max Width（最大宽度）、Preferred Width（预布线宽度）、Min Width（最小宽度），可直接对每个值进行修改。

② Routing Layers（布线层）主要设置布线层导线的走线方法，包括底层和顶层布线，共有 32 个布线层。对于双面板，Mid-Layer 1～30 都是不存在的，为灰色，只能使用 Top Layer 和 Bottom Layer 两层，每层对应的右边为该层的布线走法，默认为 Top Layer-Horizontal（顶层按水平方向布线）、Bottom Layer -Vertical（底层按垂直方向布线），默认即可。如果要布单面板，要将 Top Layer 设置为 Not Used（不用），将 Bottom Layer 设置为 Any（任意方向即可）。

③ Routing Corners（布线拐角）用于设置布线拐角，布线拐角有 45°拐角、90°拐角

和圆弧拐角 3 种供选择（通常选 45° 拐角）。

7）原理图信息的导入

在将原理图信息导入新的空白 PCB 之前，确认与原理图和 PCB 关联的所有库均可用。若只用到默认安装的集成元器件库，则所有封装就已经包括在内了。

（1）更新 PCB。将项目中的原理图信息发送到目标 PCB，在原理图编辑器中选择【Design】/【Import Changes FromzdqPCB_Project2】，Engineering Change Order（项目修改）对话框出现。

（2）发送改变。单击 Execute Changes，将改变发送到 PCB。完成后，状态变为完成（Done）。如果有错，修改原理图后重新导入。

（3）完成导入。单击 Close，目标 PCB 打开，元器件已在绘图工作区中，以准备布局。如果在当前视图中不能看见元器件，可使用热键 V、D（查看文件）。

8）元器件的布局及封装的修改

元器件导入后就可以进行元器件的布局了。元器件的布局有自动布局和手动布局两种方法。

（1）自动布局

若要自动布局，则选择【Tools】/【Auto Placement】/【Auto Placement…】即可。为保证电路的可读性，一般不选用自动布局。

（2）手动布局

将光标放在要手动布局的元器件轮廓的中部上方，按下鼠标左键不放，光标会变成一个十字状并跳到元器件的参考点；不要松开鼠标左键，移动鼠标拖动元器件；拖动时确认整个元器件仍然在边界以内，元器件定位好后，松开鼠标将其放下。

当拖动元器件时，如有必要，使用空格键来旋转放置元器件。元器件文字可以用同样的方式来重新定位，即按下鼠标左键不放来拖动文字，按空格键旋转。

（3）修改封装

双击要修改封装的元器件，弹出元器件属性对话框，在 Footprint 栏中看到 name 选项，单击 name 浏览框，弹出 Browse Libraries 对话框，查找并选择合适的封装，单击 OK，关闭 Browse Libraries 对话框，单击 OK，关闭元器件属性对话框。按照此方法修改其余元器件。

（4）修改焊盘

元器件封装自带的焊盘通常较小，为满足自行电路设计制板工艺技术要求，如热转印、感光板等工艺，焊盘通常要改大一些。在图中选择一个焊盘双击，弹出焊盘属性对话框，可修改该焊盘的大小及形状。还可以选择批处理文件实现更多焊盘和线条的修改。

9）布线

布线就是放置导线和过孔并将元器件连接起来。布线的方法有自动布线和手工布线两种，通常使用的方法是两者的结合，先自动布线再手工修改。

（1）自动布线

① 双面布线。选择【Auto Route】/【All】，在弹出的对话框中选择 Route All，软件便完成自动布线。如果想清除之前自动布线的结果，选择【Tools】/【Un-Route】/【All】即可取消布线。选择【File】/【Save】保存设计文件。

自动布线所放置的导线有两种颜色：红色表示导线在顶层信号层，而蓝色表示导线在底层信号层。自动布线所使用的层是由 PCB 向导设置的 Routing Layers 设计规则中所指定的。

② 单面布线。对于单面布线，选择【Design】/【Rules】/【Routing Layer】修改，将 Top Layer 设置为 Not Used，将 Bottom Layer 设置为 Any，单击 Close。选择【Auto Route】/【All】，重新自动布线，布线结果如图 6-7 所示。

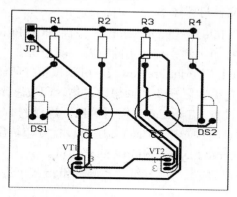

图 6-7 单面板自动布线结果

（2）手工布线

尽管自动布线提供了一个容易且强大的布线方式，但仍然需要手工去控制导线的放置状况。可以部分或全部进行手工布线。下面要将整个板作为单面板来进行手工布线，所有导线都在底层。Protel DXP 2004 提供了许多有用的手工布线工具，使得布线工作非常容易。

在 Protel DXP 2004 中，PCB 的导线是由一系列直线段组成的。每次方向改变时，新的导线段也会开始。在默认情况下，Protel DXP 2004 初始时会使导线走向为垂直、水平或 45°角。这项操作可以根据需要自定义，也可使用默认值。手工布线可用布线工具栏，也可用菜单。

① 手工布线过程。选择【Place】/【Interactive Routing】或单击布线工具栏中的 Interactive Routing 按钮，光标变成十字状，表示处于导线放置模式。检查绘图工作区下方的层标签。Top Layer 当前应该是被激活的。按下数字键盘上的*键，可以切换到 Bottom Layer 而不需要退出导线放置模式。这个键仅在可用的信号层之间切换。现在 Bottom Layer 应该被激活了。将光标放在焊盘上，单击左键固定导线的第一个点，移动光标到另外一个焊盘，单击左键，蓝色的导线连接在两者之间。右击或按 ESC 键结束这根导线的放置。按这个步骤来完成剩余的布线，如图 6-8 所示，保存设计文件。

② 在放置导线时应注意的问题如下。

a．不能将不该连接在一起的焊盘连接起来。Protel DXP 2004 将不停地分析连接情况并阻止你进行错误的连接或跨越导线。

b．要删除一根导线段，左击选择线段，该线段的编辑点出现（导线的其余部分将高亮显示），按 Delete 键删除被选择的导线段。

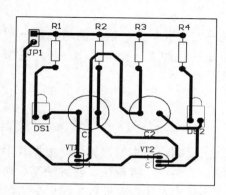

图 6-8 手工布线结果

c. 重新布线在 Protel DXP 2004 中是很容易的，只要布新的导线段即可，在新的连接完成后，旧的多余导线段会自动被删除。

d. 在完成所有的导线放置后，右击或按 ESC 键退出导线放置模式，光标会恢复为一个箭头。

5. PCB 图的设置及文件打印输出

（1）基本设置：选择【File】/【Page Setup】，弹出 PCB Print Properties 对话框，可设置纸张、纸的纵横打印、打印比例、打印图的位置、颜色等。

（2）预览：选择【File】/【Print Previews】，可以预览打印结果。

（3）打印层的设置：根据实际需要，如想通过热转印或感光工艺制板时，只需要一部分层，即可进行打印层的设置。Top Layer 需要镜像，焊盘的 Hole 是否打印也在此设置。在 PCB Print Properties 对话框中单击 Advanced，可设置打印输出层。感光纸打印单面板图则留下 Bottom Layer、Keepout Layer、Multi-Layer 即可。

（4）将 PCB 图打印在硫酸纸、菲林纸、热转印纸上就可进行相应的制板了，PCB 设计结束。

任务二　印制电路板的制作

一、印制电路板的制作工艺流程

1. 单面印制电路板的制作工艺流程

工厂条件下批量制作单面印制电路板的工艺流程如图 6-9 所示。

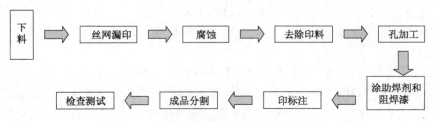

图 6-9　单面印制电路板的制作工艺流程

2. 多层印制电路板的制作工艺流程

多层印制电路板的制作工艺流程为：内层材料处理→定位孔加工→表面清洁处理→制内层走线及图形→腐蚀→层压前处理→外内层材料层压→孔加工→孔金属化→制外层图形→镀耐腐蚀可焊金属→去除感光胶→涂助焊剂→成品。

双面板的工艺复杂情况介于以上两者之间。

二、印制电路板的手工制作

手工制作印制电路板的方法有多种，其制作方法与工厂制作基本原理相似，根据其中一些工序操作的简易程度有描图法、贴图法、热转印法、刀刻法、雕刻法、腐蚀法等。随着电脑与 CAD 软件的普及及打印机的逐渐家庭化，在实验室及比较专业的电子爱好者的印制电路板制作中首选热转印法。

　　热转印制板工艺的原理及方法：首先使用印制电路板 CAD 软件，设计出印制电路板导电图形，使用激光打印机将印制电路板图打印到热转印纸上，再用热转印机等加热设备，应用热转移的原理，将热转印纸上打印好的墨粉图形熨烫热转印到覆铜板上，用三氯化铁或盐酸、双氧水等腐蚀溶液进行腐蚀，墨粉阻挡腐蚀剂和铜箔的接触。这种方法制作成本低，速度快，操作简单，业余条件下可达到较高精度的制作。

　　热转印法快速制作单面板的关键设备及主要步骤如图 6-10 所示。以下详细介绍热转印法快速制作单面板的步骤。

1. 落料

　　覆铜板（即印制电路板）有单面覆铜板和双面覆铜板两种，业余制作一般都采用单面覆铜板。绝缘底板有纸基、酚醛塑料基（呈棕色）、环氧树脂基（呈米黄色）等几种，以环氧树脂基的为好。先按需要裁下大小正好的板料，并将边缘用细锉刀、砂纸打磨光滑。

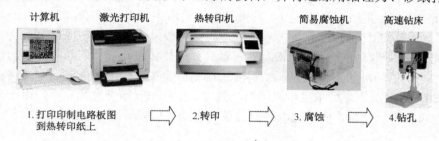

计算机　　　激光打印机　　　热转印机　　　简易腐蚀机　　高速钻床

1.打印印制电路板图到热转印纸上　⇒　2.转印　⇒　3.腐蚀　⇒　4.钻孔

图 6-10　热转印法快速制作单面板的关键设备及主要步骤

2. 铜箔抛光

　　铜箔面上所有氧化物和脏物都要清去。一般用细砂纸打磨，或用文具橡皮擦都可以。铜箔很薄，不宜多磨，表面擦亮露出未氧化的铜箔就行了。

3. 打印

　　对使用印制电路板设计软件设计好的印制电路板导电图形，在设计软件的"打印设置"中设成"镜像打印"，焊盘打印设成"空心打印"。使用激光打印机按照 1∶1 比例将印制电路板图打印到热转印纸的光滑面上。为防止热转印纸潮湿，可以让热转印纸从打印机中空过一遍，加热干燥后再正式打印。

4. 转印

　　把热转印纸上的印制电路板图剪下来，注意四边要留有足够的空白。将有墨粉的一面贴在处理过的覆铜板上，并用胶带纸固定进入热转印机的一边（定位很重要，一定要细心，定位偏差太大的话就前功尽弃了）。把固定好的覆铜板，热转印纸朝上送入已经预热好的热转印机中，通过上下滚轮的加热和挤压，把热转印纸上的图转移到覆铜板的铜箔面上。待板子冷却后，小心地揭开热转印纸的一角，观察转印效果，如果有断线可以再转印一遍，但也不可反复次数过多。转印成功后，待板子充分自然冷却后，小心地撕去热转印纸。图 6-11 所示为已经转印好的覆铜板。

　　在这里需要说明的是，整个转印过程对温度的要求特别高，温度的控制显得非常重要。例如，墨粉的熔化温度最佳点一般在 180.5℃，温度过高时，过度熔化的墨粉会扩散到原有线条的四周，造成图形模糊、精度变差，严重时还会将纸张烤焦；温度过低或温度不均匀时，转印效果差，甚至不能转印。在实际使用中，由于温度、湿度、纸张和电路板的厚度等因素对转印效果有一定的影响，因此温度的控制对转印效果的好坏显得非常重要。

5. 图形修补

如果转印的图形有断线等，那么可以用油性记号笔进行修补。注意用力不可过大，否则，可能会碰掉已附着的墨粉。

6. 腐蚀

覆铜板用三氯化铁溶液腐蚀。溶液的配比为：三氯化铁占35%左右，水占65%左右（均按重量计算）。也就是，以三氯化铁固体1份、水2份的方式配成溶液。溶液的温度以30～50℃比较好，温度太低，腐蚀速度慢；但温度不应超过50℃，温度太高，保护漆膜容易脱落，影响腐蚀质量。在腐蚀过程中，溶液能够淹没覆铜板就行了，最好用竹夹子夹住覆铜板边缘来回晃动，以加快腐蚀速度。整个腐蚀过程放在磁盘、塑料盘中进行，一般用15～30min即可完成。若要加快腐蚀速度，则可在腐蚀溶液中加入少量（5%左右）的药用双氧水。待板面上没用的铜箔全部腐蚀掉后，立即将电路板从腐蚀熔液中取出。

利用简易腐蚀机效果会更好，该腐蚀容器具有加热和流动液体的功能，以加快蚀刻速度。抗腐蚀小型循环潜水泵使三氯化铁溶液通过专用喷头均匀地喷洒向印制电路板。一般在加热至80℃的情况下，用浓度较高的溶液腐蚀，5～6min即可腐蚀完毕。由于采取快速腐蚀工艺，可以降低侧蚀，使印制电路板的精细之处更加完美可靠。图6-12为已经腐蚀好的覆铜板。

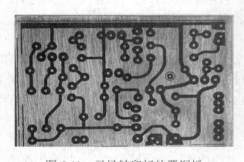

图6-11　已经转印好的覆铜板

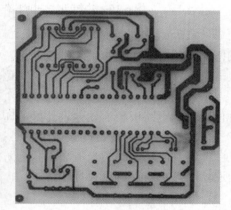

图6-12　已经腐蚀好的覆铜板

7. 清水冲洗

当覆铜板上没有上保护膜部分的铜箔全部腐蚀掉时，应立即取出覆铜板；否则，腐蚀溶液将继续腐蚀保护膜下的铜箔，使线条边沿毛糙，影响质量。同时，马上用清水反复冲洗干净，之后用干净的抹布擦干。

8. 钻孔

利用自动打孔机或高速钻床进行打孔。孔必须钻正，孔一定要钻在焊盘的中心且垂直板面。钻孔时，一定要使钻出的孔光洁、无毛刺。也可用小型手电钻打孔，钻头直径为0.8～1mm。如果不好定位的话，每个孔位要先用铁钉或尖冲子轻轻打一个定位眼。

9. 除去保护层

用细砂纸或钢丝球磨去保护碳粉，露出闪亮的铜箔。图 6-13 为已经钻孔并除去保护层的印制电路板。

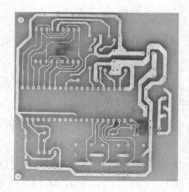

图 6-13 已经钻孔并除去保护层的印制电路板

10. 涂刷保护膜

这一步骤的目的在于保护印制电路板的覆铜面不再被氧化，并使得焊点处易于焊接。在此之前，要仔细吹拂去钻孔后留下的粉尘，并在覆铜面上刷一层松香液。松香液的配方是松香粉 25%，纯酒精 75%。插入式印制电路板的插口位置不能涂松香液，以免插口接触不良。松香液干燥后会在覆铜面上形成一层透亮的保护膜，十分易于焊接。

有时为了简便，或因没有条件进行腐蚀，也可以用刀刻法制作印制电路板。方法是用刀身厚、刀口坚硬锋利的小刀在覆铜板上平行地划两个道子，并刻透铜箔，再挖去中间这条不要的铜箔。刻制的印制电路板也很好用，有时干脆连孔都不钻，直接把零件焊在覆有铜箔的一面，十分方便。在购买不到覆铜板时，可用自制仿印制电路板的方法代替。方法是在酚醛塑料板、环氧树脂绝缘板或质量较好（主要是平整、干燥）的三合木板上钻孔，打上铜制空心铆钉，然后再焊上导线和零件。

6.2 项目基本知识

知识点一 印制电路板的基本知识

一、印制电路板简介

印制电路板又称印制线路板或印刷电路板，简称印制板。在覆铜板上印制防腐蚀膜图，然后再腐蚀刻线，这种技术就像在纸上印刷那么简便，"印制电路板"因此得名。印制电路板是电子产品的重要部件之一，行业中常简称为 PCB（Printed Circuit Board）。

用来制作印制电路板的材料主要是覆（敷）铜板，是在 1～2mm 厚的绝缘板（基板）上覆上一层 35μm 左右的铜箔而成的。如果只有一面覆有铜箔，就叫单面覆铜板；如果两面都有铜箔，就叫双面覆铜板。

覆铜板的种类很多，按绝缘材料来分，有纸基板、玻璃布基板和合成纤维基板 3 种；

按粘接剂树脂来分，有酚醛、环氧、聚酯、聚四氟乙烯等。纸基板价格低廉，但性能较差，可用于低频和要求不高的场合。玻璃布基板与合成纤维基板价格较贵，但性能较好，常用在高频、高档家电产品中。当频率高于数百兆赫时，必须用介电常数和介质损耗更小的材料，如用聚四氟乙烯和高频陶瓷作为基板。

二、印制电路板的分类

印制电路板的分类方式有多种。

（1）按基材可分为纸基印制电路板、玻璃布基印制电路板、合成纤维基印制电路板、陶瓷基印制电路板、金属芯基印制电路板等。

（2）按柔软度可分为刚性印制电路板、挠性印制电路板、刚挠结合印制电路板。

（3）按布线结构可分为单面板、双面板和多层板。

其他类型的印制电路板还有导电胶印制电路板、载芯片印制电路板、抗电磁波干扰印制电路板、单面多层印制电路板、多重布线印制电路板、平面电阻印制电路板、积层式多层印制电路板等。

三、印制电路板的作用

印制电路板在电子设备中具有如下作用。

（1）实现各电子元器件之间的导线电气连接或电绝缘。印制电路板的表面，铜箔原本是覆盖在整个板子上的，在制造过程中部分被蚀刻处理掉，留下来的部分就变成网状的细小线路了。这些线路被称作导线或布线，用来提供印制电路板上电子元器件的电路连接。

（2）具有固定、装配的机械支撑作用。各元器件被焊接并牢固地固定在印制电路板上，因此印制电路板对元器件具有固定、装配的机械支撑作用。

（3）为元器件插装、检查、维修提供识别字符和图形。

（4）有信号屏蔽作用。印制导线如果需要屏蔽，在要求不高时，可在其周围印制接地的导线进行信号屏蔽。例如，调频头等高频电路常采用大面积包围式接地，以保证有良好的屏蔽效果。这种形式常在电视天线放大器等电路中采用。

（5）在高频电路中，合理地进行导线的设计，利用布线之间的分布参数可以得到需要的等效电容、电感。

随着新型材料和先进制造工艺的出现，FPC（软板）和 Occam（倒序互连工艺）等的出现，已经彻底颠覆了我们对印制电路板的传统认识，印制电路板的作用也更为多样化。

知识点二 印制电路板的设计要求

一、印制电路板的结构布局设计

1．印制电路板的热设计

由于印制电路板基材耐温能力和导热系数都比较低，铜箔的抗剥离强度随工作温度的升高而下降。印制电路板的工作温度一般不能超过 85℃，否则，过高的温度会导致印制电路板损坏和焊点开裂。降温的方法主要是采用对流散热。在进行印制电路板结构设计时，其散热主要有以下几种方法：均匀分布热负载、元器件装散热器、在印制电路板与元器件之间设置带状导热条、局部或全局强迫风冷。

考虑到印制电路板上元器件的散热和相互之间的热影响，元器件排列的方向和疏密要有利于空气对流。发热量大的元器件，如功耗大的集成电路、大功率三极管、电阻等元器件，要布置在容易散热的地方，并与其他元器件隔开一定的距离。元器件的工作温度高于40℃时应加散热器。散热器体积较小时可直接固定在元器件上，体积较大时应固定在底板上。在设计印制电路板时，要考虑到散热器的体积及温度对周围元器件的影响。热敏元器件应远离高温区域，并和其他元器件有足够的距离，或采用热屏蔽结构。

2. 印制电路板的减震缓冲设计

印制电路板是电子产品中电子元器件的支撑件，并提供元器件之间的电气连接。为提高印制电路板的抗震、抗冲击性能，板上的负荷应合理分布以免产生过大的应力。较重的元器件应安排在靠近印制电路板支撑点处。对大而重的元器件尽可能布置在靠近固定端，并降低其重心或加金属结构件固定。

印制电路板面尺寸大于 200mm×150mm 时，应考虑电路板的机械强度。应该采用机械边框进行加固，以减少印制电路板的负荷和变形。位于电路板边缘的元器件，离电路板边缘一般不小于 2mm。在板上要留出固定支架、定位螺钉和连接插座所用的位置。

3. 印制电路板的抗电磁干扰设计

为使印制电路板上元器件的相互影响和干扰最小，高频电路和低频电路、高电位电路与低电位电路之间的元器件不能靠得太近。输入元器件和输出元器件应尽量远离，尽可能缩短高频元器件之间的连线，设法减少它们的分布参数和相互间的电磁干扰。元器件排列方向与相邻的印制导线应垂直交叉。特别是电感和有磁芯的元器件要注意其磁场方向。线圈的轴线应垂直于印制电路板面，以使对其他零件的干扰最小。

若印制电路板中有接触器、继电器、按钮等元器件动作时，则会产生较大的火花放电，必须采用 RC 电路来吸收放电电流。一般 R 取 $1\sim2k\Omega$，C 取 $2.2\sim47\mu F$。

随着高密度精细线宽、间距的发展，导线与导线间距越来越小，更容易引起导线之间的耦合与干扰。这些耦合可分为电容性耦合和电感性耦合。这些耦合作用所带来的杂散信号，应通过设计或隔离的办法来减少或消除。

（1）采用信号线与地线交错排列或地线（层）包围信号线，以达到良好的隔离效果。

（2）采用双信号带状线时，相邻的两层信号线不宜平行布设，应互相垂直、斜交，以减少分布电容产生，防止信号耦合。同时，不宜直角或锐角走线，应以圆角走弧线或斜线，尽量降低可能发生的干扰。

（3）减少信号线的长度。目前，在保持高密度走线的情况下，缩短信号传输线的最有效的方法是采用多层板结构。

（4）应把最高频信号或最高速数字化信号组件尽量接近印制电路板连接边的输入/输出（I/O）处，使它们的传输线走线最短。同时，把传输线间的距离尽可能拉大且均匀布设，以取得最佳电气性能。

（5）对高频信号和高速数字化信号组件的引脚，应采用 BGA（Ball Grid Array，球栅阵列）类型结构，而尽量不采用密集的 QFP（Quad Flat Package，方形扁平封装）形式。因为 BGA 具有更高的组装密度，所以可提供更短的信号通路（道）；同时，BGA 类型结构可避免 QFP 密集引脚（或相应焊垫）之间带来的感生电容和杂散信号，进而防止其出现的电磁干扰。

（6）采用最新的 CSP（裸芯片封装）技术。因为 CSP 具有比 SMT 的 BGA 更高的组装密度，所以也具有更短的互连传输线长度，从而改善了电气特性、热性能和可靠性。

4．印制电路板的板面设计

（1）元器件应按电路原理图上的顺序成直线排列，力求紧凑以缩短印制导线长度，并得到均匀的组装密度。在保证电气性能要求的前提下，元器件应平行或垂直于板面，并和主要板边平行或垂直，在板面上分布均匀整齐。一般不得将元器件重叠安放，如果确实需要重叠，应采用结构件加以固定。

（2）通常，元器件布置在印制电路板的一面，此种布置便于加工、安装和维修。对于单面板，元器件只能布置在没有印制电路的一面，元器件的引线通过安装孔焊接在印制导线的焊盘上。双面板的主要元器件也是安装在板的一面，在另一面可装一些小型的零件，一般为表面贴装元器件。如需绝缘，可在元器件和印制电路之间垫绝缘薄膜，或留 1～2mm 间隙。

（3）如果由于板面尺寸限制或屏蔽要求而必须将电路分为几块，那么应使每一块印制电路板成为独立的功能电路，以便于单独调整、测试和维修。这时，应使每一块印制电路板的引出线为最少。高电压的元器件应尽量布置在调试时手不易触及的地方。应留出印制电路板定位孔及固定支架所占用的位置。

（4）对于电位器、可调电感线圈、可变电容、微动开关等可调元器件的布局，应考虑整机结构要求。若是机内调节，则应放在印制电路板上便于调节的地方；则若是机外调节，其位置与调节旋钮要在机箱上。元器件的标记或型号应朝向便于观察的一面。

二、印制电路板元器件布线设计

1．电源线设计

根据印制电路板电流的大小，尽量加大电源线宽度，减小环路电阻。同时，使电源线、地线的走向和数据传递的方向一致，这样有助于增强抗噪声能力。

2．地线设计

（1）公共地线应布置在板的最边沿，便于印制电路板安装在机架上，也便于与机架（地）相连。导线与印制电路板的边缘应留有一定的距离（不小于板厚），这不仅便于安装导轨和进行机械加工，而且还提高了绝缘性能。

（2）数字地与模拟地应尽量分开。低频电路的地应尽量采用单点并联接地，实际布线有困难时可部分串联后再并联接地。高频电路宜采用多点串联就近接地，地线应短而宽，电路的工作频率越高，地线应越宽。如有可能，接地线应在 2～3mm 以上。高频元器件周围尽量用栅格状大面积铜箔。

（3）印制电路板上每级电路的地线一般应自成封闭回路，以保证每级电路的地电流主要在本级地回路中流通，减少级间地电流耦合。若仅由数字电路组成印制电路板，则其接地电路布成封闭回路大多能提高抗噪声能力。但是，印制电路板附近有强磁场时，地线不能做成封闭回路，以免形成一个闭合线圈而引起感生电流。

3．信号线设计

（1）低频导线靠近印制电路板边缘布置。将电源、滤波、控制等低频和直流导线放在印制电路板的边缘。高频线路放在板面的中间，这样可以减小高频导线对地线和机壳的分布电容，也便于板上的地线和机架相连。

（2）高电位导线和低电位导线应尽量远离。最好的布线是使相邻的导线间的电位差最小。

（3）避免长距离平行走线。印制电路板上的布线应短而直，必要时可采用跨接线。双面板两面的导线应垂直交叉。高频电路的印制导线的长度和宽度宜小，导线间距要大。

（4）印制电路板上同时安装模拟电路和数字电路时，宜将这两种电路的地线系统完全分开，它们的供电系统也要完全分开。

（5）应采用恰当的接插形式。若用接插件、插接端和导线引出等几种形式，则输入电路的导线要远离输出电路的导线，以免发生反馈耦合。引出线要相对集中设置。布线时，使输入电路、输出电路分列于电路板的两边，并用地线隔开。

三、印制导线的尺寸和图形

当元器件结构布局和布线方案确定后，就要具体地设计、绘制印制导线的图形了。

1. 印制导线的宽度

覆铜板铜箔的厚度一般为 0.02～0.05mm。印制导线的最小宽度取决于导线的载流量和允许温升。0.05mm 厚的导线宽度与允许的载流量、电阻的关系如表 6-2 所示。印制电路板的工作温度不能超过 85℃，导线长期受热后，铜箔会因粘贴强度差而脱落。当铜箔厚度为 0.05mm、宽度为 1～1.5mm 时，通过 2A 的电流，温升不会高于 3℃。一般，可采用导线的最大电流密度不超过 20A/mm²。目前，印制导线的宽度已标准化，建议采用 0.5mm 的整数倍。对于集成电路，尤其是数字电路，通常选 0.02～0.03mm 的导线宽度。用于表面贴装的印制电路板，线条的宽度为 0.12～0.15mm。当然，只要允许，还是尽可能用宽线，尤其是电源线和地线。

表 6-2　0.05mm 厚的导线宽度与允许载流量、电阻的关系

导线的宽度（mm）	0.5	1.0	1.5	2.0
允许载流量（A）	0.8	1.0	1.3	1.9
电阻（Ω/m）	0.7	0.41	0.31	0.29

2. 印制导线的间距

导线的最小间距主要由最恶劣情况下的导线间绝缘电阻和击穿电压决定。一般，导线间距等于导线宽度，但不小于 1mm；对于微型设备，导线间距不小于 0.4mm；对于表面贴装板，导线间距为 0.12～0.2mm，甚至为 0.08mm。具体设计时应考虑下述 3 个因素。

（1）低频低压电路的导线间距取决于焊接工艺，采用自动化焊接时间距要大些，手工操作时宜小些。安全工作电压、击穿电压与导线间距值如表 6-3 所示。

（2）高压电路的导线间距取决于工作电压和基板的抗电强度。

（3）高频电路主要考虑分布电容对信号的影响。

表 6-3　安全工作电压、击穿电压与导线间距

导线间距（mm）	0.5	1.0	1.5	2.0	3.0
安全工作电压（V）	100	200	300	500	700
击穿电压（V）	1000	1500	1800	2100	2400

3．印制导线的图形

（1）元器件在印制电路板上有两种排列方式：不规则排列、规则排列。不规则排列适用于高频电路，它可以减小印制导线的长度和分布参数，但不利于自动插装。规则（坐标格）排列，排列整齐，自动插装效率高，但引线可能较长。

（2）同一块印制电路板上的导线宽度宜一致，地线可适当加宽。导线不应有急弯和尖角，转弯和过渡部分宜用半径不小于 2mm 的圆弧连接或用 45° 角连接，且应避免分支线。

（3）当导线宽度超过 3mm 时，最好在导线中间开槽成两根并联线。有大面积铜箔时，应做成栅格状。

4．焊盘

焊盘中心孔要比元器件引线直径稍大一些，但焊盘太大易形成虚焊。一般，焊盘外径 $D > d + 1.3mm$，其中 d 为引线插孔直径。

对高密度的数字电路，焊盘最小直径可取 $D_{min} = d + 1.0mm$。焊盘太小容易在焊接时粘断或剥落。表面贴装板的焊盘直径可达 0.3～0.6mm。目前，随着微小孔技术的发展，一般工艺方法的加工孔已由 $\phi 0.5mm \rightarrow \phi 0.4mm \rightarrow \phi 0.3mm \rightarrow \phi 0.2mm$ 逐步细化，积层式工艺方法同样使孔从 $\phi 0.15mm \rightarrow \phi 0.10mm \rightarrow \phi 0.05mm$ 越来越小。

四、印制电路板的生产工艺要求

由于生产设备的生产工艺限制，在印制电路板的设计过程中需要注意一些与生产工艺条件相关的要求，如电路板的最大加工尺寸等。

1．设计死区

一般要求印制电路板上下两边距边 5mm 区域内不排元器件，即为边缘设计死区，如图 6-14 所示。表面贴装、单面贴装的印制电路板，贴装面上下两边距边 5mm 内不排元器件。双面丝印贴装的印制电路板，先贴装面（元器件少面）四周距边 6mm 内不排元器件，而后贴装面上下两边距边 5mm 内不排元器件。当印制电路板排板设计确实无法避免时，可通过增加工艺边解决。

2．标识

位号标识应易辨别，字符完整。位号标识字符应靠近其对应的焊盘，字符之间应有一定的间隙，能清楚地识别。分区标识应外框清楚，标识字符按元器件的实际分布顺序、方向、间距进行排列。字符标识不能位于导通孔上或相互重叠。位号标识不当，容易误导而产生误判、误贴、错贴等错误。

3．丝印框

每个元器件均需添加丝印框，明确标识哪些焊盘属于同一个元器件。BGA 元器件丝印框必须同元器件大小一致。丝印框不良案例如图 6-15 所示。

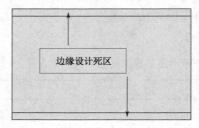

图 6-14　边缘设计死区　　　　　　图 6-15　丝印框不良案例

4. 导通孔

对于双面板或多层板，其导通孔不能接触贴片焊盘或甚至直接放在焊盘上，导通孔与焊盘二者的边缘必须相距 0.5mm 以上；同时，导通孔上需要覆盖阻焊层，以防止回流焊时熔融的焊膏从导通孔中流失，从而造成虚焊。若设计排板时确实无法避免，则可以通过银浆灌孔等印制电路板加工方式实现遮蔽。

波峰焊工艺时（点胶工艺），允许导通孔与贴片元器件焊盘相邻放置。

5. 细间距、电阻排等焊盘间的阻焊

对于 0.65mm 及以下间距的集成电路和电阻排、电容排器件，其焊盘之间必须阻焊，防止连焊发生，如图 6-16 所示。

6. 拼板方式

1）自拼

同样的印制电路板（同面）多拼优点如下。

（1）解决印制电路板尺寸太小无法加工问题。

（2）增加贴片或机插元器件数量，提高设备生产效率。

（3）减少工艺边使用，降低印制电路板制造成本。

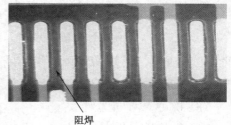

阻焊

图 6-16 焊盘之间的阻焊

2）套拼

同一产品不同功能印制电路板拼在一起的优点如下。

（1）解决印制电路板尺寸太小无法加工问题。

（2）增加贴片或机插元器件数量，提高设备生产效率。

（3）减少换程次数和转产频次，便于快速交货。

3）鸳鸯拼

将 TOP 面和 BOT 面合拼在一面的优点如下。

（1）无须转产，同一程序生产两次即可完成 TOP 面和 BOT 面所有元器件的贴装，生产效率最大化。

（2）通常两面元器件比较均衡，均无太重元器件。含 BGA 元器件的印制电路板不建议采用！务必确保两面 Mark（标记）点镜像后完全一致。

7. 其他要求

1）元器件间干涉

表面贴装元器件本体间应大于 0.5mm。

2）标签位置

为确保产品追溯性，要规范工序标签的粘贴，做到统一、美观。在印制电路板排板时空出一定的空白区域，在该区域做 10mm×15mm 的白色丝印框。

3）印制电路板翘曲标准

设备要求：夹两边后，不超过 0.5mm。

4）波峰焊排板注意事项

波峰焊接时，必须注意的一个重要问题就是阴影效应（即遮蔽效应）。当贴有表面贴装元器件的印制电路板流过波峰焊炉时，焊锡波通过电路板表面时受到元器件本体的阻碍，迫使焊锡在元器件的上表面和边沿流动，而熔化焊锡的表面张力又迫使焊锡很难顺利

到达贴片元器件背着波峰焊方向的端头和焊盘上，从而形成虚焊和漏焊的焊点，甚至导致贴片元器件掉落，如图 6-17 所示。

克服阴影效应的办法，是采用双波峰机，同时把元器件背着焊锡波方向的焊盘加长，并改善焊盘的湿润情况，使加长的焊盘能和焊锡波接触，并能让焊锡倒流形成合适的焊点，如图 6-18 所示。

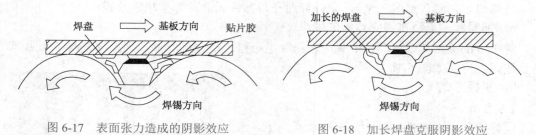

图 6-17　表面张力造成的阴影效应　　　　图 6-18　加长焊盘克服阴影效应

8. 不可使用波峰焊的元器件

（1）0603 以下元器件。

（2）0.65mm 间距及以下集成电路。

（3）插座、BGA 元器件。

知识点三　印制电路板 CAD 软件

一、CAD 的基本概念

CAD 是 Computer Aided Design（计算机辅助设计）的简称，其特点是速度快、准确性高，并能极大地减轻工程技术人员的劳动强度。

电子线路 CAD 是 CAD 软件的一种，它是利用计算机来完成电子线路的仿真、设计和印制电路板的设计、制作等，主要包括原理图的绘制，电路功能的设计、仿真和分析，印制电路板的设计和检测等。

二、印制电路板 CAD 软件简介

当前，大众化的印制电路板 CAD 软件很多，其中实用性较强的有 TANGO、Protel、OrCAD、PADS、Mentor WG 和 Allegro SPB 等。各款软件侧重点各异，功能也各有区别，例如，Multisim 软件侧重电路仿真，Protel 软件侧重印制电路板设计。

1. TANGO

TANGO 软件包是美国 ACCEL 科技公司在 20 世纪 80 年代末推出的，它的特点是方便、实用、快速、易学。它是集原理图设计、连线网络表生成、印制电路板自动布局布线等 CAD，光绘、钻孔等 CAE 于一体的多功能软件。它能设计 8 层印制电路板，并能对其中 4 层实施有效的自动布线。它支持多种打印机、多种绘图机、矢量光绘机和数控钻床。

2. Protel 2004

Protel 2004 是澳大利亚 Altium 公司（在 2002 年收购和重组之前称为 Protel 公司）于 2003 年对之前的 Protel DXP 的完善，所以该软件又称为 Protel DXP 2004。Protel 公司先后推出的还有 Protel 99 SE（Second Edition）、Altium Designer 等。

Protel 集电路原理图绘制、模拟电路与数字电路混合信号仿真、多层电路板设计、可编程逻辑器件设计、图表生成等功能于一身。Protel 资源丰富，又具有功能强大、速度快、布通率高、操作方便、容易入门等特点，非常适合初学者设计一些相对简单的电路，并进行制板。

在国内，Protel 99 SE 作为一个经典版本被广泛应用，随着 Protel DXP 2004 的出现，其已被逐步取代。尽管 Altium Designer 功能强大，但对计算机的硬件资源要求较高，部分功能相比于其他软件并不普及，所以本项目只介绍了 Protel DXP 2004 的使用。

参考网址：http://www.altium.com/products/altium-designer/en/altium-designer_home.cfm。

3. PADS

PADS（Personal Automated Design Systems，个人自动设计系统）是美国 Mentor Graphics 公司推出的，是专业级的印制电路板设计软件。PADS 以它的功能齐全、比较容易掌握、适应面广得到了市场的认可。目前，在技术领域，使用 OrCAD+PADS 来实现从原理图设计到印制电路板设计，已经是一种很普遍的组合。这种组合在欧美公司应用很多。近年来，中国的设计师逐步放弃了功能比较简单的 Protel，开始使用这个工具。

参考网址：http://www.mentorg.com.cn/products/product_overview-PCBSystems.html。

4. Cadence 公司的 OrCAD 与 Allegro SPB

Cadence 公司在 EDA 领域处于国际领先地位，其在印制电路板设计领域有市面上众所周知的 OrCAD 和 Allegro SPB 两个品牌。其中，OrCAD 为其 20 世纪 90 年代收购品牌，Allegro SPB 为其自有品牌，早期版本称为 Allegro PSD。

（1）OrCAD：这是世界上应用最广的 EDA 软件之一，是 EDA 软件中比较突出的代表。OrCAD 的原理图设计部分 Capture CIS 被业界视为最优秀的原理图工具之一，用 OrCAD 画的原理图符合国际标准，能被所有的 EDA 软件兼容。国外使用 OrCAD 很多。它具有界面友好、易于上手、操作方便、功能强大等优点，支持的 Netlist 特别多，基本是业界标准。

（2）Allegro SPB：是高速板设计中实际上的工业标准。它有自己的仿真工具，在印制电路板高速板方面牢牢占据着霸主地位。Allegro SPB 涵盖原理图工具 Design Entry CIS（与 OrCAD Capture CIS 完全相同）、Concept HDL （Cadence 自带的原理图工具），原理图仿真工具 Allegro AMS Simulator（即 PSpiceAD、PSpiceAA），印制电路板布局布线工具 Allegro PCB Editor（有 L、Performance、XL、GXL 版本），信号完整性分析工具 Allegro PCB SI（有 L、Performance、XL、GXL 版本）。

参考网址：http://www.cadence.com/products/PCB/Pages/default.aspx。

5. Mentor WG

Mentor WG 是 Mentor 公司的产品，与 Cadence 一样是顶级工具，针对的是高端电路设计，同样有自己的仿真工具。只不过在国内其支持商还相对较少，不如 Cadence 用得多。Mentor WG 是由图形设计软件转变来的，颜色非常丰富，它的自动布线功能非常强大，布线规则设计非常专业。Expedition PCB 是 Mentor WG 的印制电路板核心部分。Mentor WG 2005 包含 DX、DC、DV、LIB、EXP 等部分。

6. Zuken 的 CR5000 与 CADSTAR

Zuken 是一家日本的 EDA 公司，高端产品是 CR5000，低端产品是 CADSTAR。除了日资和与日本有业务往来的企业外，还有很多公司用 Zuken 的软件。

参考网址：http://www.zuken.com/products.aspx。

每个软件都有自己的特色，具体选择用哪个软件，就要看你的用途。就从事专业印制电路板设计而言，不妨选择 PADS 和 OrCAD。PADS 更适合设计专业的、高级复杂的电路。OrCAD 仿真和制板功能都很强，是高端电路设计和制板的主流工具之一，但它的元器件封装比较麻烦。作为初学者，不妨选择 Protel DXP 2004。

知识点四　印制电路板的加工技术要求

印制电路板的加工技术要求直接决定着成品印制电路板的各项性能指标，也制约着电子产品的电气性能及工作可靠性。无论是纯手工制作还是工厂加工印制电路板，都要符合相应的加工技术要求，这些要求主要规定了覆铜板的基材、铜箔层数及厚度、加工工艺等。表 6-4 为某公司对加工厂提出的印制电路板的加工技术要求表。

表 6-4　某公司对加工厂提出的印制电路板的加工技术要求表

文 件 名	××××××××××××××××		
图样类型	■ 邮件	□ 光盘	□ 其他
数据类型	□ PCB 文件 （Protel 2004）		■ Gerber 数据文件（RS274-X）
覆铜板基材	■ FR-4		□ CEM-3
	□ 聚四氟乙烯		□ 其他
铜箔层数	□单面板	□ 双面板	■多层板 ＿4＿层
铜箔厚度（μm）	70μm		层间电阻 $\geqslant 10^{10}\Omega$
板厚（mm）	■ 2.0	□ 1.8	□ 1.6 管理范围 ±0.1
电镀材料	□ 铅锡	■ 无铅	■ 镍金　　□ 其他材料
电镀工艺	■ 热风整平	□ 化学镍金	□ 防氧化
阻焊要求	□ 不阻焊	□ 单面阻焊	■ 双面阻焊
	密脚芯片脚间必须阻焊，如 U13　UD1		
丝印要求	□ 不丝印	□ 单面丝印	□ 双面丝印　　■ 按 PCB 设计丝印
成形方式	■ 按边框成形（偏差+/-0.20mm）		□ 按图纸尺寸成形
普通孔加工直径及要求	TH 孔公差为+/-0.08mm，NPTH 孔公差为+/-0.05mm 过孔阻焊		
孔壁厚度	平均>25μm　　最薄处≥20μm		线路铜箔　　以内、外层铜厚为准
其他要求	线路	不允许有短、断路，线条平整，不允许有划痕、网格缺陷，不允许集中分布，线条符合线路设计的 80%	
	孔内质量	无堵孔、化孔不通、孔内毛刺等现象，不允许丢、多孔 有 mask open 的焊盘无孔内油墨现象，无设计有 mask open 的焊盘（指过孔或散热孔）有孔内油墨现象但不塞孔	
	基材	无划伤、分层、白斑、杂质	
	阻焊	色泽均匀一致，无漏印、划伤、挂锡	
	字符	完整、清晰，不允许压焊片，用 3M 胶带拉无脱落	
	SnPb	光亮、平整、湿润，无氧化、漏铜	

其他要求	Mark 点	平整、光亮,不允许阻焊字符覆盖			
	板边	无粉尘			
	翘曲度	SMT≤0.75%			
	返工返修	禁止补线			
供货方签字			日 期	年 月 日	
订货方签字			日 期	年 月 日	

填表说明如下。

(1)用途:用于明确印制电路板外协加工时的各项要求。

(2)使用方法:逐项填写,并在有选项要求的□内画√或涂黑■。

(3)使用部门:所有涉及印制电路板外协加工的部门。

(4)如对表中所列各项要求不明确,可查阅有关标准。

(5)如有其他表中没有的要求,可另附详细说明。

(6)如有表中未说明选项,可在填表时添加。

(7)该表一式两份,供货方一份,订货方一份。

6.3 项目知识拓展

双面印制电路板的手工制作

如果制作的电路比较复杂,设计成单面板时会存在布线密集、跳线过多、加工困难等问题,这时就适合设计、制作成双面印制电路板。双面印制电路板手工制作的方法和单面板的制作类似。在设计好双面印制电路板图后,按要求裁剪双面覆铜板并进行双面铜箔的打磨抛光,然后按下述步骤进行。

(1)按前述手工制作单面板的方法制好 A 面,腐蚀前用胶纸将 B 面铜箔全部贴上保护起来。

(2)制好 A 面后,用电钻将板上的所有孔(元器件安插孔、过孔、固定安装孔等)打出来,并去掉孔边毛刺。

(3)将印制电路板对准光源,把 B 面的热转印纸通过孔透出的光线对准 B 面焊盘,再用不干胶纸将热转印纸四边贴牢。

(4)再次将印制电路板送入热转印机,按上述方法转印。

(5)将转印好的印制电路板再次投入腐蚀溶液,腐蚀前别忘了将 A 面用胶纸贴上保护起来。

(6)腐蚀完后,去除印制电路板上的不干胶和墨粉,用细砂纸打磨干净,涂上助焊剂,一个标准、漂亮的电路板就制成了。

需要说明的是:

(1)在计算机中将焊盘打印设成"空心打印",使得焊盘中心孔的铜皮也被腐蚀掉,这样打孔就无须再打定位眼,直接用电钻打孔即可。

（2）在业余条件下无法实现金属化过孔，替代的方法是用短接线将印制电路板的 A、B 面过孔直接焊起来。因此，如果是业余制作双面印制电路板，设计时尽量用直插元器件的引脚孔兼做过孔，这样可以减少单独过孔的数量。

（3）印制电路板板材的厚度最好不要小于 1mm，太薄的印制电路板通过热转印机加热时会发生弯曲变形。转印后的板子一定要自然冷却，不要用风冷促其降温。

（4）上述双面板的制作过程可以概括为先 A 面、再打孔、后 B 面，也可以先打孔（需先用 Protel 输出孔位图，并以此图为准在覆铜板上标示孔的位置），再同时将 A、B 面转印出来，只需腐蚀一次就可得成品板。但这种方法需要 A、B 两面同时对正孔位，对操作要求较高。之所以不最后打孔，是由于没有孔定位，A、B 面不容易对齐，更重要的是，最后打孔很容易将 B 面焊盘打掉，这主要是一般电钻转速偏低的缘故。

实践证明，利用热转印法制板成功的关键并不是腐蚀、打孔，而在于打印、转印后覆铜板上的图形质量及 A、B 面图形的对准。

 项目评估检查

一、思考题

1．简单印制电路板的手工设计都包含哪些方面？

2．在印制电路板的规划中，对印制电路板的形状有什么要求？

3．印制电路板的计算机辅助设计的基本流程是什么？

4．印制电路板的手工制作包含哪些步骤？

5．印制电路板是如何分类的？都有哪些类型？

6．你都了解哪些印制电路板 CAD 软件？各自都有什么特点？

7．在设计印制电路板时，导线的宽度和间距怎样确定？

二、技能训练

将学生根据情况分组，进行如下训练。

（一）简单印制电路板的手工设计训练

1．训练目标

掌握简单印制电路板手工设计的过程、步骤，理解一般的设计规则，积累初步的印制电路板设计经验。

2．训练器材

绘图纸、铅笔、直尺、LM317 稳压电源电路原理图，以及配套的元器件实物或元器件规格表。

3．训练内容

应用"简单印制电路板的手工设计"中相关要求，根据图 6-19 及表 6-5 进行单层印制电路板的手工设计。

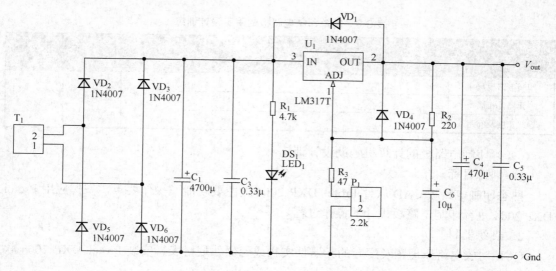

图 6-19　LM317 稳压电源电路原理图

表 6-5　LM317 稳压电源电路元器件规格、封装

Designator	Footprint	LibRef	Quantity
C_1	CAPPR7.5-16×35	Cap Pol2	1
C_3	RAD-0.4	Cap	1
C_4	RB5-10.5	Cap Pol2	1
C_5	RAD-0.4	Cap	1
C_6	Cap.2/.4	CAPYJ	1
$VD_1 \sim VD_6$	DIO10.46-5.3×2.8	Diode 1N4007	6
DS_1	HDR1×2	LED_1	1
P_1	HDR1×2	Header 2	1
$R_1 \sim R_3$	AXIAL-0.4	Res2	3
T_1	HDR1×2	Header 2	1
U_1	221A-04	LM317T	1

1）印制电路板尺寸与元器件连接方式的确定

（1）变压器、电源指示二极管、调压电位器与电路板的连接方式及安装位置的确定。

（2）散热片位置及安装方式的确定。

（3）印制电路板尺寸及形状的确定。

2）布线设计

（1）元器件位置的确定。

（2）地线的设计。

（3）导电图形的设计。

3）完成印制电路板照相底图

4）实训评价

按照表 6-6 中评价项目对完成的照相底图进行分析评价，把结果填入表中。

表 6-6　简单印制电路板的手工设计训练

评 价 项 目	主 要 问 题	等　次			
		优　良	合　格		不 合 格
印制电路板尺寸					
元器件布局					
导线宽度及间距					

（二）印制电路板的计算机辅助设计训练

1．训练目标

熟悉印制电路板 CAD 软件 Protel DXP 2004 的主要功能及操作要点，掌握应用 Protel DXP 2004 进行印制电路板设计的操作过程。

2．训练器材

OCL 功放电路原理图及配套的元器件实物或元器件规格表、安装 Protel DXP 2004 软件的计算机。

3．训练内容

应用"印制电路板的计算机辅助设计"中相关要求，根据图 6-20 及表 6-7 进行单层印制电路板的设计。

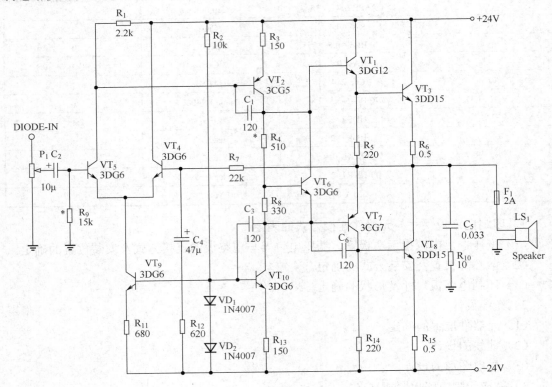

图 6-20　OCL 功放电路原理图

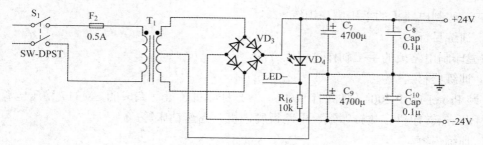

图 6-20　OCL 功放电路原理图（续）

表 6-7　OCL 功放电路元器件规格、封装

Designator	Footprint	LibRef	Quantity
T_1	SIP_345	Trans CT Ideal	1
C_{10}、C_5、C_6、C_8	RAD-0.3	Cap	4
C_1、C_3	RAD-0.1	Cap	2
F_1	PIN-W2/E2.8	Fuse 1	1
LS_1、P_1、VD_4	PIN2	Speaker	3
VD_1、VD_2	DIO10.46-5.3×2.8	Diode 1N4007	2
C_7、C_9	CAPPR7.5-16×35	CAPYJ	2
C_2、C_4	Cap.2/.4	CAPYJ	2
VD_3	BRIDG_DIP	Bridge1	1
VT_1、VT_2、$VT_4 \sim VT_7$、VT_9、VT_{10}	BCY-W3/E4	2N3904	8
VT_3、VT_8	BCY-W3/B.8	2N3906	2
R_6、R_{15}	AXIAL-1.0	Res2	2
$R_1 \sim R_5$、$R_7 \sim R_{14}$、R_{16}	AXIAL-0.4	Res2	14
S_1		SW-DPST	1
F_2		Fuse 1	1

（1）电路原理图的输入。

（2）元器件封装的确定。

（3）印制电路板的规划。

（4）元器件布局。

（5）布线设计。

（6）完成印制电路板照相底图。

（7）实训评价。按照表 6-8 中评价项目对完成的照相底图进行分析评价，把结果填入表中。

表 6-8　印制电路板的计算机辅助设计训练

评 价 项 目	主 要 问 题	等　次			
		优	良	合　格	不 合 格
印制电路板尺寸					
元器件布局					
导线宽度及间距					

（三）印制电路板的手工制作训练

1．训练目标

掌握印制电路板的手工制作过程及方法。

2．训练器材

安装 Protel DXP 2004 软件的计算机、激光打印机、设计完成的 LM317 稳压电源印制电路板图、热转印机、热转印纸、电路板腐蚀机、高速钻床等。

3．训练内容

应用"印制电路板的手工制作"中相关要求，对设计好的印制电路板进行制作加工训练，把结果填入表 6-9。

（1）进行印制电路板光绘文件的设置。

（2）用激光打印机在热转印纸的光滑面上把印制电路板光绘文件打印输出。

（3）图形转印。

（4）电路板腐蚀。

（5）钻孔。

（6）碳粉清洗。

（7）涂刷助焊剂。

表 6-9　印制电路板的手工制作训练

评 价 项 目	主 要 问 题	等　　次			
		优　良	合　格	不 合 格	
图形转印效果					
总体腐蚀效果					
印制导线质量					
钻孔质量					

三、项目评价评分表

1．自我评价、小组互评及教师评价

评 价 项 目	项目评价内容	分　值	自 我 评 价	小 组 互 评	教 师 评 价	得　分
实操技能	① 印制电路板的手工设计	15				
	② 印刷电路板的计算机辅助设计	15				
	③ 印制电路板的手工制作	15				
理论知识	① 印制电路板的基本知识	8				
	② 印制电路板的设计要求	8				
	③ 印制电路板 CAD 软件	8				
	④ 印制电路板的加工技术要求	8				
	⑤ 双面印制电路板的手工制作	8				
安全文明生产和职业素质培养	① 出勤、纪律	5				
	② 工具的摆放和维护	5				
	③ 团队协作精神、卫生情况	5				

2．小组学习活动评价表

班级：＿＿＿＿＿＿＿＿＿＿　　小组编号：＿＿＿＿＿＿＿＿＿＿　　成绩：＿＿＿＿＿＿＿＿＿＿

评 价 项 目	评价内容及评价分值			自评	互评	教师评分
分工合作	优秀（12～15 分）	良好（9～11 分）	继续努力（9 分以下）			
	小组成员分工明确，任务分配合理，有小组分工职责明细表	小组成员分工较明确，任务分配较合理，有小组分工职责明细表	小组成员分工不明确，任务分配不合理，无小组分工职责明细表			
获取与项目有关质量、市场、环保等内容的信息	优秀（12～15 分）	良好（9～11 分）	继续努力（9 分以下）			
	能从网络等多种渠道获取信息，并能合理地选择信息、使用信息	能从网络等多种渠道获取信息，并能较合理地选择信息、使用信息	能从网络等多种渠道获取信息，但信息选择不正确，信息使用不恰当			
实际技能操作	优秀（16～20 分）	良好（12～15 分）	继续努力（12 分以下）			
	能按技能目标要求规范地完成每项实操任务	能按技能目标要求较规范地完成每项实操任务	能按技能目标要求完成每项实操任务，但规范性不够			
基本知识分析讨论	优秀（16～20 分）	良好（12～15 分）	继续努力（12 分以下）			
	讨论热烈，各抒己见，概念准确，原理思路清晰，理解透彻，逻辑性强，并有自己的见解	讨论没有间断，各抒己见，分析有理有据，思路基本清晰	讨论能够展开，分析有间断，思路不清晰，理解不透彻			
成果展示	优秀（24～30 分）	良好（18～23 分）	继续努力（18 分以下）			
	能很好地理解项目的任务要求，成果展示逻辑性强，熟练利用信息技术（电子教室网络、互联网、大屏等）进行成果展示	能较好地理解项目的任务要求，成果展示逻辑性较强，能较熟练利用信息技术（电子教室网络、互联网、大屏等）进行成果展示	基本理解项目的任务要求，成果展示停留在书面和口头表达，不能熟练利用信息技术（电子教室网络、互联网、大屏等）进行成果展示			
总分						

项目七

整机装配工艺

 项目情境创设

电子整机装配工艺过程是指整机的装接工序安排，就是以设计文件为依据，按照工艺文件的工艺规程和具体要求，把各种电子元器件、机电元器件及结构件装连在印制电路板、面板、机壳等指定位置上，构成具有一定功能的完整的电子产品的过程。电视机的总装配流程如图 7-1 所示。本项目主要介绍电子整机装配的内容、特点、方法、基本要求、顺序、原则、准备工序和总装工艺等。

（a）物料准备　　　（b）装配生产线　　　（c）检测流水线　　　（d）调试流水线

（e）合拢总线　　　（f）检验　　　（g）包装　　　（h）入库或出厂

图 7-1　电视机的总装配流程

 项目教学目标

项目教学目标		学　　时	教 学 方 式
技能目标	① 掌握元器件引线成形的操作方法 ② 掌握导线加工的操作方法 ③ 掌握印制电路板、其他部件、面板、机壳的装配方法	6	教师演示，学生实际操作 重点：掌握整机装配的准备工序和总装工艺 教师指导、答疑
知识目标	① 了解整机装配的内容、特点及方法 ② 了解整机装配的基本要求 ③ 掌握整机装配的顺序和原则 ④ 了解整机包装的知识	4	教师讲授、自主探究
情感目标	激发学生对本门课的兴趣，培养信息素养、团队意识		网络查询、小组讨论、相互协作

项目任务分析

本项目通过对整机装配知识的学习，使学生了解整机装配的内容、特点、方法、基本要求、顺序和原则等，掌握整机装配的准备工序和总装工艺，重点培养实际操作能力。

项目基本功

7.1　项目基本技能

任务一　整机装配的准备工序

一、元器件的引线成形

1. 引线成形的重要工具

为了便于安装和焊接，提高装配质量和效率，加强电子设备的防震性和可靠性，在安装前，根据安装位置的特点及技术方面的要求，要预先把元器件引线弯曲成一定的形状。

手工操作时，为了保证成形质量的一致性，也可应用简便的专用工具，如图 7-2 所示，图（a）为模具，图（b）为游标卡尺，它们均可方便地把元器件引线成形为图（c）的形状。

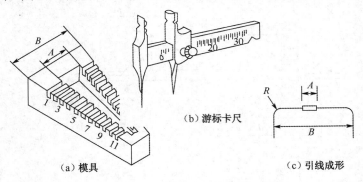

（a）模具　　　　（b）游标卡尺　　　　（c）引线成形

图 7-2　引线成形的重要工具

2. 引线成形的技术要求

（1）引线成形后，元器件本体不应产生破裂，表面封装不应损坏，引线弯曲部分不允许出现模印、压痕和裂纹。

（2）引线成形后，其直径的减小或变形不应超过 10%，其表面镀层剥落长度不应大于引线直径的 1/10。

（3）若引线上有熔接点，则在熔接点和元器件本体之间不允许有弯曲点，熔接点到弯曲点之间应保持 2mm 的间距。

（4）引线成形尺寸应符合安装要求。弯曲点到元器件端面的最小距离 A 不应小于 2mm，弯曲半径 R 应大于或等于 2 倍的引线直径，如图 7-3 所示。图中，$A \geqslant 2mm$；$R \geqslant 2d$（d 为引线直径）；h 在垂直安装时大于等于 2mm，在水平安装时为 0～2mm。

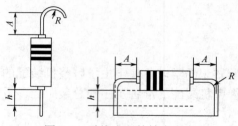

图 7-3   引线成形的技术要求

三极管和圆形外壳集成电路的引线成形要求如图 7-4 所示。图中除角度外，单位均为 mm。

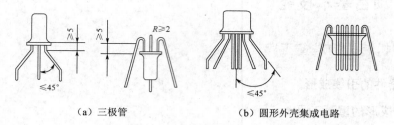

（a）三极管   （b）圆形外壳集成电路

图 7-4   三极管和圆形外壳集成电路的引线成形要求

扁平封装集成电路的引线成形要求如图 7-5 所示。图中，W 为带状引线厚度，$R \geqslant 2W$，带状引线弯曲点到引线根部的距离应大于等于 1mm。

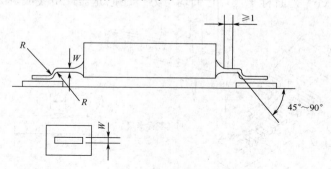

图 7-5   扁平封装集成电路的引线成形要求

（5）引线成形后的元器件应放在专门的容器中保存，元器件的型号、规格和标志应向上。

二、导线的加工

导线的加工可参考项目三中的任务一。

任务二   整机总装工艺

一、印制电路板的装配

1．元器件的插装

1）元器件插装的形式

元器件在印制电路板上的插装方法有手工和机械两种：前者简单易行，但效率低，误装率高；后者插装速度快，误装率低，但设备成本高，引线成形要求严格。元器件插装的形式详见项目四中的任务一。

2）元器件插装的注意事项

（1）元器件插好后，其引线的外形有弯头时，要根据要求处理好，所有弯脚的弯折方向都应与铜箔走线方向相同，如图 7-6（a）所示。图 7-6（b）、（c）所示的走线方向应根据实际情况处理。

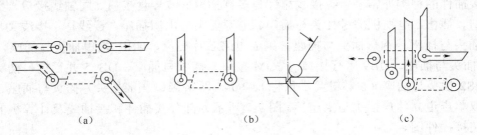

(a)　　　　　　　　　　(b)　　　　　　　　　　(c)

图 7-6　引线弯脚方向

（2）插装二极管时，除注意极性外，还要注意外壳封装，特别是在玻璃壳体易碎、引线弯曲时易爆裂的情况下，可将引线先绕 1 或 2 圈再装。

（3）为了区别晶体管和电解电容等元器件的正负端，一般是在插装时，加带有颜色的套管以示区别。

（4）大功率三极管一般不宜装在印制电路板上，因为它发热量大，易使印制电路板受热变形。

2. 印制电路板的装配工艺流程

1）手工装配工艺流程

在产品的样机试制阶段或小批量生产时，印制电路板装配主要靠手工操作，即操作者把散装的元器件逐个装接到印制电路板上，其操作顺序是：待装元器件→引线成形→插件→调整位置→剪切引线→固定位置→焊接→检验。

这种操作方式需要每个操作者都从头装到结束，效率低，而且容易出现差错。对于设计稳定、大批量生产的产品，印制电路板装配工作量大，宜采用流水线装配。这种方式可大大提高生产效率，减少差错，提高产品合格率。

流水线装配是指把一次复杂的工作分成若干道简单的工序，每个操作者在规定的时间内完成指定的工作量（一般限定每人 6 个元器件的工作量），其操作顺序是：每排元器件（约 6 个）插入→全部元器件插入→一次性切割引线→一次性焊接→检查。

切割引线一般用专用设备割头机一次切割完成，锡焊通常用波峰焊机完成。

2）自动装配工艺流程

手工装配使用灵活、方便，广泛用于各道工序或各种场合，但其速度慢，易出差错，效率低，不适应现代化生产的需要，尤其对设计稳定、产量大和装配工作量大而元器件又无须选配的产品而言，宜采用自动装配方式。

（1）自动装配工艺流程可参考图 4-19。经过处理的元器件装在专用的传输带上，间断地向前移动，保证每一次有一个元器件进到自动装配机的装插头的夹具里。

（2）自动插装是在自动装配机上完成的，对元器件装配的一系列工艺措施都必须适合于自动装配的一些特殊要求，并不是所有的元器件都可以进行自动装配，最重要的是采用标准元器件和尺寸。

二、其他部件的装配

1. 接插件的种类、应用和装配

接插件的种类非常多，有接线排针与多针插座、波导管接口、同轴线接口、数据排线接口、插槽、电视机信号插头与插座、电源插头与电源插座、接线柱、接线叉片、电话机插头与插座、香蕉插头与插座、集成电路芯片插座、USB 接口插头与插座、VGA接 Fl 插头与插座、DB9 串行接口（COM 接口）插头与插座、DB25 并行接口插头与插座、PS2 插头与插座（6 芯键盘、鼠标）、RJ45 网络接口（水晶头）插头与插座、单声道及双单声道立体声插头与插座等。图 7-7 所示为部分接插件和接插线及计算机的主板已安装接插件图。

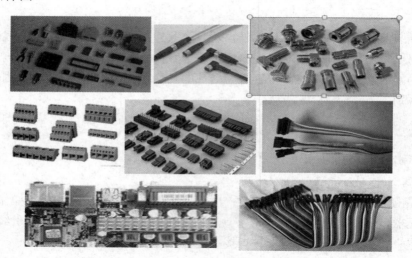

图 7-7　部分接插件和接插线及计算机的主板已安装接插件图

接插件被广泛用作电路板之间的连接、仪器与设备之间的数据传输、电路板与仪器之间的连接、芯片与电路板之间的连接、电源的传输接口、设备与终端的连接等，它们提供了数据和信息的相互交流和传递的畅通渠道，以及确保电源的输送供给等。

接插件的连接非常简单，接插件分护套和金属件两个部分。看护套内的金属件来分公母，针状的就是公，孔状的就是母，是一一对应的。

2. 其他附属配件的装配

电子产品根据厂家生产过程中的技术文件，配备了一些特殊器件，往往是由几个部分组装而成的，所以印制电路板焊接完毕，还要将其他附属配件进行装配。

例如，收音机装配过程中音量电位器的装配如图 7-8 所示。同样需后期装配的还有收音机调频的双联电容。

音量电位器装配前的散件   音量电位器装配后的散件

图 7-8 收音机装配过程中音量电位器的装配

三、面板、机壳的装配

1. 面板、机壳的装配要求

（1）由于面板、机壳对内部装配的元器件有防护作用，从安全性能考虑，家用电子产品的机壳、面板应用阻燃性材料制成。

（2）机壳带有通风孔或其他孔时，应避免金属物进入机内与带电元器件接触。

（3）机壳后盖打开后，触及外露元器件时，应无触电危险。

（4）强电产品机壳、后盖上安全标志要清楚。

（5）面板、机壳外观整洁，表面无硬伤（划伤、裂缝、变形，或表面涂覆层起泡、龟裂和脱落）。

（6）装配的可动件操作灵活、可靠、位置合适，具有足够的机械强度和稳定性。

2. 面板、机壳的装配工艺要求

（1）装配前，要检查外观。

（2）与面板、机壳接触的工作台面上，均应放置塑料泡沫垫或橡胶软垫，防止装配过程中划损工件外表面。

（3）装配面板、机壳时，一般是先里后外，先小后大。搬运面板、机壳时，要轻拿轻放，不能碰压。

（4）上丝时，气动旋具与工件互相垂直，扭力矩大小合适，以免滑丝及穿透。

（5）面板附件（铭牌、装饰、控制指示片等）应贴在指定位置，并要端正牢固。

（6）合机时，上丝准确到位。

7.2 项目基本知识

知识点一 整机装配的内容、特点及方法

一、整机装配的内容

整机装配工艺过程即为整机的装接工序安排，就是以设计文件为依据，按照工艺文件的工艺规程和具体要求，把各种电子元器件、机电元器件及结构件装连在印制电路板、机壳、面板等指定位置上，构成具有一定功能的完整的电子产品的过程。

整机装配工艺过程根据产品的复杂程度、产量大小等方面的不同而有所区别，但总体来看，有装配准备、部件装配、整件调试、整机检验、包装入库等几个环节，如图 7-9 所示。

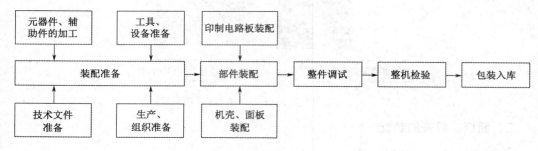

图 7-9　整机装配工艺过程

二、整机装配的特点及方法

1. 整机装配的特点

电子产品的装配在电气上是以印制电路板为支撑主体的电子元器件的电路连接，在结构上是以组成产品的钣金硬件和模型壳体，通过紧固件由内到外按一定顺序的安装。电子产品属于技术密集型产品，电子产品整机装配的特点如下。

（1）装配工作是由多种基本技术构成的。

（2）在多种情况下，装配操作质量难以分析，如焊接质量的好坏通常以目测判断，刻度盘、旋钮等的装配质量多以手感鉴定等。

（3）进行装配工作的人员必须进行训练和挑选，不可随便上岗。

2. 整机装配的方法

装配在生产过程中要占去大量时间，因此对于给定的应用和生产条件，必须研究几种可能的方案，并在其中选取最佳方案。目前，电子产品整机装配的方法从组装原理上可以分为以下几种。

（1）功能法。这种方法是将电子产品的一部分放在一个完整的结构部件内，该部件能完成变换或形成信号的局部任务（某种功能）。

（2）组件法。这种方法是制造出一些外形尺寸和安装尺寸上都统一的部件，这时部件的功能完整性退居次要地位。

（3）功能组件法。这种方法是兼顾功能法和组件法的特点，制造出既有功能完整性又有规范化的结构尺寸的组件。

知识点二　整机装配的基本要求

（1）未经检验合格的装配件（零、部、整件）不得安装，已检验合格的装配件必须保持清洁。

（2）认真阅读技术文件，严格遵守工艺规程。装配完成后的整机应符合图纸和工艺文件的要求。

（3）严格遵守装配的一般顺序，防止前后顺序颠倒，注意前后工序的衔接。

（4）装配过程不要损伤元器件，避免碰坏机箱和元器件上的涂覆层，以免损害绝缘性能。

（5）熟练掌握操作技能，保证质量，严格执行三检（自检、互检和专职检验）制度。

知识点三　整机装配的顺序和原则

一、整机装配的顺序

按组装的级别来分，整机装配按元器件级→插件级→插箱板级→箱、柜级的顺序进行，如图 7-10 所示。

（1）元器件级：是最低的组装级别，其特点是结构不可分割。

（2）插件级：用于组装和互连电子元器件。

（3）插箱板级：用于安装和互连插件或印制电路板部件。

（4）箱、柜级：主要通过电缆及连接器互连插件和插箱，并通过电源电缆送电构成独立的有一定功能的电子仪器、设备和系统。

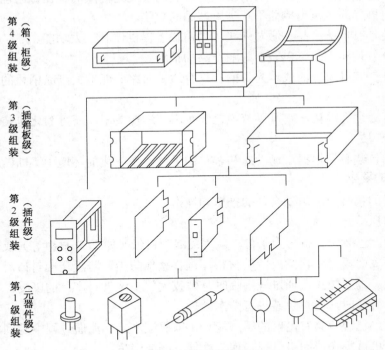

图 7-10　整机装配的顺序

二、整机装配的原则

整机装配的一般原则是：先轻后重，先小后大，先铆后装，先装后焊，先里后外，先下后上，先平后高，易碎易损坏后装，上道工序不得影响下道工序。

7.3　项目知识拓展

整 机 包 装

一、电子产品的包装工艺

1．包装的种类

（1）运输包装。运输包装即产品的外包装。

（2）销售包装。销售包装即产品的内包装。

（3）中包装。中包装起到计量、分隔和保护产品的作用，是运输包装的组成部分。

2．包装的原则

（1）包装是一个体系。它的范围包括原材料的提供、加工、容器制造、辅件供应及为完成整件包装所涉及的各有关生产、服务部门。

（2）包装是生产经营系统的一个组成部分。

（3）产品是包装的中心，产品的发展和包装的发展是同步的。良好的包装能为产品增加吸引力，但再好的包装也掩盖不了劣质产品的缺陷。

（4）包装具有保护产品、激发购买、为消费者提供便利三大功能。

（5）过分包装和不完善包装会影响产品的销路。

（6）经济包装以最低的成本为目的。只有适销对路、能扩大产品销售的包装成本，才符合经济原则。

（7）包装必须标准化。它可以节约包装费用和运输费用，还可简化包装容器的生产和包装材料的管理。

（8）产品包装必须根据市场动态和客户的爱好，在变化的环境中不断改进和提高。

3．包装的要求

（1）合适的包装应能承受合理的推压和撞击。

（2）合理压缩包装体积。

（3）防尘。包装应具备防尘条件，使用发泡塑料纸（如 PEP 材料等）或聚乙烯吹塑薄膜等与产品外表面不发生化学反应的材料，进行整体防尘，防尘袋应封口。

（4）防湿。为了防止流通过程中临时降雨或大气中湿气对产品的影响，包装应具备一般防湿条件。必要时，应对包装进行防潮处理。

（5）缓冲。包装应具有足够的缓冲能力，以保证产品在流通过程中受到冲击、震动等外力时，免受机械损伤或因机械损伤使其性能下降或消失。

4．包装上的标志

（1）包装上的标志应与包装大小协调一致。

（2）文字标志的书写应由左到右，由上到下，数字采用阿拉伯数字，汉字用规范字。

（3）标志颜色一般以红、蓝、黑 3 种颜色为主。

（4）标志方法可以是印刷、粘贴、打印等。

（5）标志的内容如下。

① 产品名称及型号。

② 商品名称及注册商标图案。

③ 产品主体颜色。

④ 包装件重量（kg）。

⑤ 包装件最大外部尺寸（长、宽、高，单位为mm）。

⑥ 内装产品的数量。

⑦ 出厂日期（年、月、日）。

⑧ 生产厂名称。

⑨ 储运标志（向上、怕湿、小心轻放、堆码层数等）。

⑩ 条形码（它是销售包装上加印的复合条形码）。

5. 包装材料

根据包装要求和产品特点，应选择合适的包装材料。常用的包装材料有木箱、纸箱（盒）、缓冲材料、防尘材料和防湿材料等。

二、条形码和防伪标志

1. 条形码

条形码为国际通用产品符号。为了适应计算机管理的需要，在一些产品销售包装上加印供电子扫描用的复合条形码。这种复合条形码各国统一编码，可使商店的管理人员随时了解商品的销售动态。

国际市场自20世纪70年代开始采用两种条形码对商品统一标识：UPC（美国通用产品编码）和EAN（国际物品编码）。

EAN有标准版和缩短版两个版本，如图7-11所示。

　　　　（a）标准版　　　　　　（b）缩短版

图 7-11　EAN 的两个版本

EAN 的标准版条形码结构如下。

（1）前缀码（2或3位）。前缀码是国家或地区的独有代码，由 EAN 总部指定分配。

（2）企业代码（4或5位）。由本国或地区的条形码机构分配，我国由中国物品编码中心统一分配。

（3）产品代码（5位）。由生产企业自行分配。

（4）校验码（1位）。校验码是检验条形码使用过程中的扫描正误而设置的特殊编码。

另外，图书和期刊作为特殊的商品也采用 EAN 标准版表示 ISBN 和 ISSN。前缀码 977 被用于期刊号 ISSN，图书号 ISBN 用 978 为前缀码。我国被分配使用 7 开头的 ISBN，所以我国出版社出版的图书上的条形码全部为 9787 开头。

2．防伪标志

许多产品的包装，一旦打开，就再也不能恢复原来的形状了，起到防伪的作用。现在许多生产厂家，都广泛采用各种防伪措施。其中，利用现代高科技手段的防伪标志有激光防伪标志、温变防伪标志、电码防伪标志等。

常见的防伪标志如图 7-12 所示。

　（a）激光防伪标志　　　　　　　（b）电码防伪标志　　　　　（c）刮涂防伪标志

图 7-12　常见的防伪标志

三、电子产品整机包装工艺流程

这里以彩色电视机的包装流水作业为例，来了解电子产品整机包装的工艺流程，如图 7-13 所示。

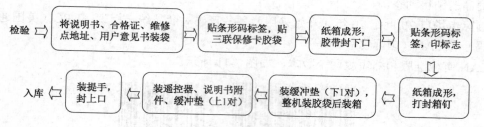

图 7-13　彩色电视机的整机包装工艺流程

 项目评估检查

一、思考题

1．简述元器件引导线成形的技术要求。
2．简述普通绝缘导线和屏蔽导线的导线加工过程。
3．元器件在印制电路板上的插装形式有哪些？
4．简述印制电路板的装配工艺流程。
5．整机装配的内容、特点和方法有哪些？
6．简述整机装配的基本要求、顺序和原则。

7．简述电子产品包装工艺的内容有哪些。

二、技能训练

（一）元器件的引线成形训练

1．训练目标

熟练掌握元器件引线成形的操作方法。

2．训练器材

游标卡尺、镊子、尖嘴钳、各种元器件（最好是新的）。

3．训练内容

（1）对两个引脚的元器件进行引线成形，要求按图7-3所示。

（2）对3个引脚的元器件及多引脚的集成器件进行引线成形，要求按图7-4所示。

（3）对贴片元器件进行引线成形，要求按图7-5所示。

（二）导线的加工训练

1．训练目标

熟练掌握对绝缘导线、屏蔽导线端头的规范加工方法。

2．训练器材

电工刀、剥线钳、剪刀、直尺、镊子、电烙铁、松香、焊锡、绝缘导线、立体声音频线。

3．训练内容

1）绝缘导线的端头处理

（1）剪线：剪取5段长100mm的绝缘导线。

（2）剥头：在导线的两端分别剥去5mm和10mm的绝缘层。

（3）捻头：将导电芯线边捻紧边拉直。

（4）上锡：将捻好头的导线放在松香上，电烙铁上锡后对端头加热，同时慢慢转动导线均匀上锡。

2）屏蔽导线（立体声音频线）的端头处理

（1）剪线：剪取5段长150mm的屏蔽导线。

（2）剥头：用电工刀剥去20mm的绝缘层。

（3）屏蔽层地线的处理：将屏蔽层编织线推成球状，在适当的位置上拨开一个小孔，抽出内部芯线，将芯线剥头10mm，分别将屏蔽层线和芯线捻紧、浸锡，再套上热缩套管。

（三）印制电路板的装配训练

1．训练目标

熟练掌握印制电路板的装配方法。

2．训练器材

收音机套件、万用表一个。

3．训练内容

（1）使用万用表对元器件质量进行检测。

（2）根据整机装配的原则，结合电路原理图（如图7-14所示）和印制电路板图（如

图 7-15 所示）进行装配（先小后大，先低后高）。

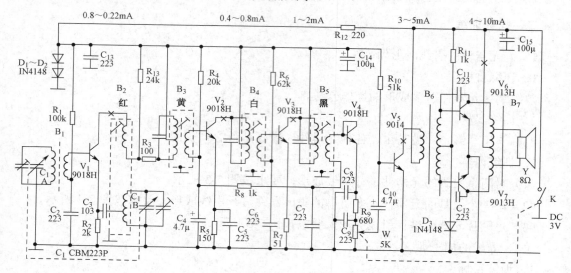

图 7-14 电路原理图

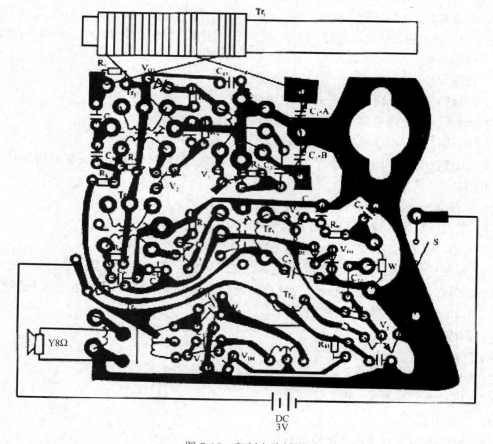

图 7-15 印制电路板图

（四）其他部件的装配训练

1．训练目标

掌握导线、其他附属配件的装配方法。

2．训练器材

调台旋钮盖、音量旋钮盖、电源外接线、喇叭外接线。

3．训练内容

（1）电源外接线、喇叭外接线剥头，捻头，上锡，焊接，要注意颜色。

（2）安装调台旋钮盖，注意螺孔位置，安装要水平，拧紧螺丝，贴好频率指示标签。

（3）安装音量旋钮盖，注意螺孔位置，安装要水平，拧紧螺丝。

（五）面板、机壳的装配训练

1．训练目标

掌握面板、机壳的装配方法。

2．训练器材

收音机套件、十字工具刀。

3．训练内容

（1）将电路板置于收音机底壳内卡好，注意调台旋钮、音量旋钮、耳机插孔对准，拧好螺丝。

（2）安装并固定喇叭、电池接线柱，接好电源线和喇叭线。

三、项目评价评分表

1．自我评价、小组互评及教师评价

评价项目	项目评价内容	分值	自我评价	小组互评	教师评价	得分
实操技能	① 元器件的引线成形	15				
	② 导线的加工	15				
	③ 印制电路板、其他部件、面板、机壳的装配	15				
理论知识	① 整机装配的内容、特点及方法	10				
	② 整机装配的基本要求	10				
	③ 整机装配的顺序和原则	10				
	④ 整机包装的知识	10				
安全文明生产和职业素质培养	① 出勤、纪律	5				
	② 工具的摆放和维护	5				
	③团队协作精神、卫生情况	5				

2．小组学习活动评价表

班级：_____　　　小组编号：_____　　　成绩：_____

评 价 项 目	评价内容及评价分值			自评	互评	教师评分
分工合作	优秀（12～15 分）	良好（9～11 分）	继续努力（9分以下）			
	小组成员分工明确，任务分配合理，有小组分工职责明细表	小组成员分工较明确，任务分配较合理，有小组分工职责明细表	小组成员分工不明确，任务分配不合理，无小组分工职责明细表			
获取与项目有关质量、市场、环保等内容的信息	优秀（12～15 分）	良好（9～11 分）	继续努力（9分以下）			
	能从网络等多种渠道获取信息，并能合理地选择信息、使用信息	能从网络等多种渠道获取信息，并能较合理地选择信息、使用信息	能从网络等多种渠道获取信息，但信息选择不正确，信息使用不恰当			
实际技能操作	优秀（16～20 分）	良好（12～15 分）	继续努力（12分以下）			
	能按技能目标要求规范地完成每项实操任务	能按技能目标要求较规范地完成每项实操任务	能按技能目标要求完成每项实操任务，但规范性不够			
基本知识分析讨论	优秀（16～20 分）	良好（12～15 分）	继续努力（12分以下）			
	讨论热烈，各抒己见，概念准确，原理思路清晰，理解透彻，逻辑性强，并有自己的见解	讨论没有间断，各抒己见，分析有理有据，思路基本清晰	讨论能够展开，分析有间断，思路不清晰，理解不透彻			
成果展示	优秀（24～30 分）	良好（18～23 分）	继续努力（18分以下）			
	能很好地理解项目的任务要求，成果展示逻辑性强，熟练利用信息技术（电子教室网络、互联网、大屏等）进行成果展示	能较好地理解项目的任务要求，成果展示逻辑性较强，能较熟练利用信息技术（电子教室网络、互联网、大屏等）进行成果展示	基本理解项目的任务要求，成果展示停留在书面和口头表达，不能熟练利用信息技术（电子教室网络、互联网、大屏等）进行成果展示			
总分						

参 考 文 献

[1] 韩雪涛，韩广兴，吴瑛．电子产品装配技术与技能实训[M]．北京：电子工业出版社，2012．

[2] 杨宗强．电子元器件的识别及安装调试[M]．北京：化学工业出版社，2010．

[3] 张越，刘海燕．电子装配工艺实训[M]．北京：电子工业出版社，2013．

[4] 李为民，等．电子整机装配实训[M]．北京：北京理工大学出版社，2010．

[5] 陈振源．电子产品制造技术[M]．北京：人民邮电出版社，2007．

[6] 杨海祥．电子整机产品制造技术[M]．北京：机械工业出版社，2007．

[7] 王俊峰，等．电子制作的经验与技巧[M]．北京：机械工业出版社，2007．

[8] 钟名湖．电子产品结构工艺[M]．北京：高等教育出版社，2002．

[9] 王国玉．电子产品装配工艺[M]．北京：人民邮电出版社，2013．

[10] 王奎英．电子整机装配工艺与调试[M]．北京：电子工业出版社，2012．

反侵权盗版声明

　　电子工业出版社依法对本作品享有专有出版权。任何未经权利人书面许可，复制、销售或通过信息网络传播本作品的行为；歪曲、篡改、剽窃本作品的行为，均违反《中华人民共和国著作权法》，其行为人应承担相应的民事责任和行政责任，构成犯罪的，将被依法追究刑事责任。

　　为了维护市场秩序，保护权利人的合法权益，我社将依法查处和打击侵权盗版的单位和个人。欢迎社会各界人士积极举报侵权盗版行为，本社将奖励举报有功人员，并保证举报人的信息不被泄露。

举报电话：（010）88254396；（010）88258888
传　　真：（010）88254397
E-mail：　dbqq@phei.com.cn
通信地址：北京市万寿路 173 信箱
　　　　　电子工业出版社总编办公室
邮　　编：100036